文津同丛

中华好家风系列

★聚焦家风家训　挖掘家风文化
★讲述家风故事　传承家风经典

科教名家好家风

孙冲亚　张甲哲　编著

華中師範大學出版社

新出图证（鄂）字 10 号

图书在版编目（CIP）数据

科教名家好家风/孙冲亚，张甲哲编著．—武汉：华中师范大学出版社，2019.4（2022.12 重印）
（问津文丛·中华好家风系列）
ISBN 978-7-5622-8251-8

Ⅰ.①科…　Ⅱ.①孙…　②张…　Ⅲ.①家庭道德—中国—通俗读物　Ⅳ.①B823.1-49

中国版本图书馆 CIP 数据核字（2018）第 120643 号

科教名家好家风
ⓒ孙冲亚　张甲哲　编著

责任编辑： 陈幸运　卢格蕙
责任校对： 罗　艺　　**封面设计：** 罗明波
编辑室： 幼教与职训中心　　**电话：** 027-67867317
出版发行： 华中师范大学出版社有限责任公司
社址： 湖北省武汉市珞喻路 152 号　**邮政编码：** 430079
电话： 027-67863040（发行部）　027-67861321（邮购）
传真： 027-67863291
网址： http://press.ccnu.edu.cn
电子邮箱： press@mail.ccnu.edu.cn
印刷： 湖北画中画印刷有限公司　　**督印：** 刘　敏
字数： 120 千字
开本： 880mm×1230mm　1/32　　**印张：** 5.75
版次： 2021 年 12 月第 1 版　　**印次：** 2022 年 12 月第 2 次印刷
定价： 22.00 元

欢迎上网查询、购书

序　言

古往今来，中国人对“家”就有着一种难以名状的特殊情感。家在为人们源源不断地提供物质保障的同时，更成为人们所有情感的起点和归宿。作为一种巨大的无形力量，家风是具有鲜明家族特征的家庭文化，它凝聚和积淀了一个家庭或家族的精神气质、道德观念和价值取向，并且通过润物无声的方式潜移默化地影响着每一位成员。家风有好坏之别，正如古训有云：“积善之家，必有余庆；积不善之家，必有余殃。”家风的好坏对于家庭或家族而言至关重要，优良纯正的家风能够培育出好家庭，教育出优秀的后代，有力地担负起振兴家庭或家族的重任，进而实现治国平天下的远大理想。反之，一旦家风破败不堪，就可能给成员的健康成长带来不利影响，有可能会进一步破坏公序良俗，甚至造成社会伦理失序和道德失范。由此可见，家风对于一家一族乃至一国都有着不可替代的重要作用。

在中华民族五千多年的文明长河中，涌现出了许多充满智慧与哲理的家风、家训，并在历史的积淀中形成了优良的家教、家风。这些优良的家教、家风包含着修身、养性和蕴德的思想因子，推崇“和”“合”以达到“天人合一”的境界，最终在实现个人价值、振兴家族和推动社会发展等方面做出了不可磨灭的贡献。随着中国特色社会主义进入新时代，社会主要矛盾发生重大转变，传统家风得以孕育、形成和发展的客观环境也已经发生了深刻变化。这种变化带来了有利因素，如家风与社会风气、政治风气的共同发展，促进了家风同党和国家的历史任务相融合，进而推动了社会主义事业的健康发展；同时，这种变化也不可避免会产生各种消极影响，如形色各异的腐朽思想花样百出，从各个领域侵蚀、污染着孕育家风的环境，从而对家风建设提出了许多具有新情况、新问题的严峻挑战。实际上，上述变化并非凭空发生，而是同中国的国情、社情和家情紧密相连的。

首先，国情问题是一个家庭或家族的家风形成的宏观场域，也是建设家风的总方向和总依据。众所周知，家是最小国，国是千万家，既然国家是由无数个家庭组成的有机整体，那么这也就决定了国家是家庭在抽象意义上的最高代表，因此国家的基本情况势必会对家风造成一定程度上间接的、宏观的影响。需要认识到的是，虽然国情问题的影响并不能直接决定家风的内容和性质，但是却能对其产生极大的暗示和引导作用。新时代我国社会的主要矛盾虽已发生变化，但我国处于并将长期处于社会主义初期阶段的基本国情没有改变，这一国情要求国人为实现中华民族的伟大复兴，仍须继续发扬艰苦奋斗、自力更生的优秀品质，并将这种品质扎根于每个家庭的价值观念和每位社会成员的精神世界之中，塑造优良家风，从而为中国梦的实现积聚强大的精神文化正能量。

其次，社会情况尤其是转型时期社会结构的深刻变动，会在很大程度上影响着社会风气的好坏。所谓社会风气，是指一定时期内一个社会群体在风俗习惯、文化传统、思想行为和道德伦理等方面的综合反映。社会风气的好坏会直接影响家风是否积极健康。改革开放以来，我国在取得巨大经济成就的同时，不仅引起了社会利益关系的深刻调整，而且促使了价值观向多元化发展，从而以前所未有的猛烈态势掀起了社会思想的“震荡”。这种现代化进程中的社会思想“震荡”，在培育和发展出积极向上的经济文明，使每个个体都能获得实现经济平等机会的同时，也滋生出了大量的诸如拜金主义、利己主义和享乐主义等负面思潮，其不良后果就是使传统的道德观念和价值取向受到严重冲击，不利于优良家风的培育和建设。社会风气是家风形成和发展的土壤，而家风不仅是社会风气的集中反映，更会对社会风气产生一定程度的反哺，良好家风能够从更具体的领域促进社会文明和良好风气的培育与形成。

最后，家庭或家族的基本构成，尤其是家长的德行修养、价值取向、受教育程度等，往往是决定家风好坏最直接也是最根本的因素。在家庭教育中，父母是子女的第一任老师，对于子女成长的影响通常也是最直接和最深刻的，以至于人们在评价一个人的言语品行时，常常用“家教”一词来概括，而父母的言传身教大都是通过孩子的言行举止体现出来的。然而，在现代化工业进程中，物质财富的快速发展使人们越来越关注经济上的利益，以至于在做任何事情之前人们都会首先以利益来衡量得失，即便是亲人之间也偶或沾染此风。虽然这是市场经济发展的客观使然，也是人类社会在取得进步时付出的必要代价，但这势必会对家庭造成难以修复的损害，如原本亲近友好的感情被赤裸裸的利益关系所取代。更进一步，还会使家风逐渐丧失曾经所依托的家庭氛围和人文环境，导致家风的教化作用呈现出式微之势。因此，良好家风的塑造，就要求家长应时刻注意家庭价值观上的塑造和向上，随时纠正和剔除不良思想，把好家风当作传家宝传递下去。

总而言之，无论世事如何变迁，家风建设都必须始终放在当代社会发展的重要位置。正如习近平总书记所指出的："不论时代发生多大变化，不论生活格局发生多大变化，我们都要重视家庭建设，注重家庭、注重家教、注重家风。"为了更好地培育和践行社会主义核心价值观，坚定文化自信，汇聚社会发展的家风正能量，特编写"问津文丛·中华好家风"丛书。本丛书从中华优秀传统文化、革命文化、社会主义先进文化发展中筛选、挖掘、凝练优良的家风素材，汇编成中华文明中具有核心价值代表性的家风故事，以期对新时代社会领域的思想道德建设有所启发，对推动中国特色社会主义文化的繁荣发展有所促进。

目　录

克勤克俭　慈父益友：蔡元培好家风

蔡元培（1868—1940），字鹤卿，浙江绍兴山阴县人士，近代著名教育家，中华民国首任教育总长。他学贯中西，博古通今，17 岁考中秀才，23 岁中举人，24 岁中进士，26 岁被点为翰林院庶吉士，28 岁被选为翰林院编修。蔡元培在担任北京大学校长期间主张“思想自由，兼容并包”的学风，一时间使北京大学成为新文化运动的发源地，并为五四运动的发生创造了条件。除了在教育上取得巨大成就以外，蔡元培的自身修养也备受世人敬仰，他曾被毛泽东誉为“学界泰斗、人世楷模”。

蔡元培是中国著名的教育家，他为中国的教育发展奉献一生，推动了中国教育事业的革新与发展。同时，他立德立行立言，用自己的实际行动培育了清廉慷慨、和睦待人和互敬互爱的家风。在子女的教育中，他注意德育、智育、美育的全面发展，最终培养了孩子们健全、美好的人格，拥有了幸福、充实的人生。

一、清廉慷慨的父亲

蔡元培兄弟姐妹共有七人，说来也怪，兄弟姐妹中，排行逢单数的都像母亲，面椭圆、肤色白皙；排行逢双数的，却像父亲，方脸、肤色蜡黄。蔡元培排行第二，长相像极了父亲。父亲清廉慷慨、仗义疏财的性格对蔡元培影响很深，使他从小养成了不爱钱财的品质。即便他后来同时身兼数十个重要职务，也从未萌发过发财致富的念头，反而尽数将工资用来帮助朋友和学生。

蔡光谱先生是蔡廷桢的长子，也是蔡元培的父亲。虽然到了他这一代家境愈加殷实，但良好的家风丝毫没有褪色，反而越加纯正。光谱先生在钱庄替人打理钱财，由他经手的账目数以万计，但他从未动过以权谋私、侵占钱财的念头。在他看来，钱财最大的作用就是供给日常开支，足用即可。但是如果借给了那些真正需要它的人，钱财就能给人们带来更多的欢乐和幸福。

蔡光谱有个习惯，借出去的债款从不记账，也不与人约定还款期限。偿还与否，何时偿还，全看心意。他经常周济他人，所以家中积蓄并不充裕。等他去世后，家里只能靠变卖财产为生。正所谓，“爱人者人恒爱之，敬人者人恒敬之”。之前得到过光谱先生帮助的人在了解这一情况后，纷纷前来偿还借款。有好奇者问道：“蔡家既无欠条，又无抵押，你们为何还来还钱呢?”答曰：“务必偿清债务，否则会在良心上过意不去。”这段故事广为人知，一时被人们引为佳话。

二、慈祥严肃的母亲

蔡元培的母亲周氏，有着中国传统妇女大都具有的优良美德。在为人处世中，她懂得亲善邻里、乐于助人；在家庭教育中，她既慈祥又严厉，立志要将孩子们培养成为知礼节、懂孝悌的可用之人。

培养良好习惯

蔡元培常说：“我母亲是精明而又慈爱的，我所受的母教比父教为多。我母亲的仁慈而恳切，影响于我们的品性甚大。”在蔡元培刚满 11 岁时，父亲就病故了。不久，二叔、五叔、七叔先后失业，整个家族逐渐走向衰落。蔡元培一家生活得太过艰苦，亲友们就号召邻里募捐善款，却被母亲周氏婉言拒绝了。她认为这样做不利于孩子们的成长，会使他们养成懒汉性格。于是她尽数典卖家中值钱的物件，立志把孩子们抚养成人。在生活中，周氏经常教导孩子们要养成独立、自强的人格，凡事要靠自己而不能过于依赖外力。

周氏在言辞上非常谨慎，她常常教导孩子们：“要养成慎言的好习惯，慎言不是为了逢迎别人，而是为了尊重别人，照顾别人的感受。”每当会见亲友时，她总会事先揣度对方将会说些什么，她该用什么话去回应。见面结束后，她还会反复思索有没有讲错话，哪些话会伤人等，之后她会挑拣有益的地方讲给孩子们听，培养他们不妄言的习惯。

每当蔡元培兄弟姐妹几人做功课时，母亲都会在一旁给予鼓励和安慰。有一次，蔡元培熬夜太久，没什么效率，这时母亲就劝他：“早点睡觉，养足精神，等天明再去做。”事实证明，只有休息好学习效率才会高。经过一夜的睡眠，有了充沛的精力，蔡元培很快就把问题解答出来了。此后，蔡元培就逐渐养成了早睡早起的习惯，并把这种好习惯传递给了身边的每个人。

虽然周氏没有上过学，不懂得子女教育的大道理，却明白引导式教育远比体罚的效果更为明显。每当发现蔡元培等人犯错时，她都会选择在适当的时机教导他们，比如在给他们理发或与他们吃饭时要求他们相互督促，用心改正。蔡元培说，母亲之所以不当场指出缺点，是因为她懂得小孩们的天性是活泼的，所以在孩童比较安静的时候教育他们，往往会有更好的效果。

母子情深

即使发现孩子们犯的错误比较严重，周氏也从不责骂他们，而是慢慢地引导他们认识错误。如果孩子们屡教不改继续犯错，周氏就会在他们还没有起床时猛地一下掀开被子，“用一束竹筱打股臀处，历数各种过失”。蔡元培说，母亲也不是真的用力打，打人工具是一种竹筱（竹子的细枝条）。一来，这种工具的好处在于它只会伤及皮肉不伤骨头。二来，她从来不打除臀部以外的地方，担心会给孩子们留下疤痕。

孟子曰：“不得乎亲，不可以为人；不顺乎亲，不可以为子。”在中华文明几千年的历史长河中，始终贯穿着一个最基本的伦理纲常，即兄恭弟敬、父严子孝、母慈儿顺。蔡元培 17 岁那年，母亲周氏积劳成疾，最终卧床不起，异常痛苦。为了寻找治病良方，蔡元培跑遍了整个绍兴城，最终从坊间寻得一个土方。土方说：“身体发肤，受之父母。只要割下至亲之人的一块肉，和入药中，就能使病人延年益寿。”

想到母亲正饱受疾病折磨，蔡元培就毅然地从左臂上割下一小片肉，和入草药，送到母亲的面前。母亲见他面色发白，左臂发抖，就连忙问他发生了何事。蔡元培隐瞒不过，坦白了一切。母亲感动得热泪盈眶，紧紧抱着儿子，接着小心地给他涂抹了创伤药。遗憾的是，他的一片孝心没能救回母亲的生命，不久，周氏便与世长辞了。母亲的离世使蔡元培极为悲恸，他不顾劝阻，竟然在夜里抱着枕席睡在棺木旁边。晚年旅居香港时，蔡元培非常思念母亲，为此他曾改名为周子余，意为“我是母亲周氏的儿子”。

三、结发为夫妻，恩爱两不疑

夫妻关系是否和睦，是衡量家庭是否幸福的重要标准。

结婚伊始，蔡元培与妻子的个性截然不同，二人的关系并不和睦，但在两人有了比较多的共同生活经历之后，由于相互宽容与对家庭的责任感，使他们渐渐体会到了家庭的幸福。

爱“恨”交加

蔡元培的首位妻子王昭，绍兴人士。两人的婚姻并非由于爱情，而是封建包办的产物。据说，两人在举办婚礼之前甚至从未谋面。王昭是会稽县人，出身于商贾之家。父亲王荣庭，在一家当铺做出纳采购的工作。他与人打交道时坦荡直爽，常被人敬称为“忠厚长者”。王老先生育有两女，小女儿便是王昭。王昭自幼聪明伶俐、听话懂事，很受大人们的疼爱。

蔡元培与王昭并未产生情愫，婚后的生活也算不上幸福。一来，是因为当时蔡元培在思想上相当保守，每天“之乎者也”“三纲五常”不离口，身上有着浓厚的大男子主义，他要求王昭在所有事情上都要绝对服从于自己。二来，则是由于王昭在生活中有很严重的洁癖，家里的一切东西她都要收拾得干干净净，凡是她的私人物品，比如坐席、食器、衣巾之类都禁止他人触摸，甚至包括蔡元培。这一点让蔡元培难以忍受，在他看来，妻子这种近乎苛刻的习惯实在是有些矫枉过正了。另外，王昭平时过于节俭，这一点也让蔡元培难以理解。

甲午战争爆发后，蔡元培对西方的先进文明产生了向往，而这时他和王昭之间的矛盾也愈发严重。王昭长期受到封建礼教“男尊女卑”传统的毒害，在生活中常常以卑示人，她总是称蔡元培为“老爷”，称自己是“奴家”，这让接受了新思想的蔡元培尤为反感。很多时候，他都会严厉地训斥王昭："你以后可不要再叫什么'老爷'，也不要再称什么'奴家'了，听了多别扭呀!"而王昭总是温顺地说："唉，奴家都叫惯了，总是改不过来呢。"

一寸相思一寸灰

随着时间和阅历的增长，蔡元培开始主张男女平等，并以身作则，率先从家里做起。为了改善与王昭的关系，蔡元培决心纠正身上的大男子主义，真正做到夫妻平等相待。除此之外，他还极力奔走，猛烈抨击"嫁鸡随鸡，嫁狗随狗"的封建道德观念，积极主张夫妻平等："女性也有离婚和再嫁的自由。"而王昭勤俭淳朴、操持有方的良好品行，也逐渐赢得蔡元培的好感，尤其是两个儿子的出生，更是密切了夫妻之间的关系。两人如新婚燕尔，过着如蜜一样甜的日子。

1894 年 11 月，长子蔡阿根诞生。考虑到王昭体弱多病，无人照料，蔡元培就放下工作，特意留在绍兴老家照顾妻儿。不久之后，王昭身体逐渐恢复，蔡元培等她能够独立抚养阿根了，这才返回北京，再次投入到紧张的工作之中。王昭体谅丈夫忙于公务，很难有时间打理生活，于是就带着儿子来到北京。妻子的体贴入微，也让蔡元培深受感动。刚到北京时，王昭不适应北方干冷的气候，再加上她整日操劳家务，身体状况越来越差。为了减轻妻子的负担，蔡元培特意请来一位佣人帮忙打理家务，而他本人只要一有时间就会陪在妻子左右。在此期间，蔡元培真正尽到了一个好丈夫、好父亲的责任。

1898 年 3 月，二儿子蔡无忌在北京出生，这为蔡元培和王昭带来了更多的喜悦。他们夫妻间的感情也愈加深厚，两人开始分享生活上、工作中的事情，谈论有趣的话题，竟然再次尝到了爱情的甜蜜。有一次，蔡元培对朋友半开玩笑地说："伉俪之爱，视新婚有加焉。"然而就在这时，王昭突然染病，不治身亡，年仅 35 岁。蔡元培心如刀绞，极为悲恸，他在悼文中倾诉了对妻子的难舍与歉意。他称赞王氏淡泊名利，有"超俗之识与劲直之气"。在妻子去世的第二年，蔡元培难掩悲痛，于是在挽联中写道：

亡妇忌日，忽忽一年矣。鹿鹿奔走，弃子不教，哀愧交集。忆素帷联语，未留存稿，录于左方：

其一曰：维新党人，吾所默许，乃不及于难，鹿车南返，鹪巢暂栖，尚有青毡，博得工资同一饱。自由主义，君始与闻，而未能免俗，天足将完，鬼车渐破，俄焉属纩，不堪遗憾终身。

其二曰：早知君病入膏肓，当屏绝万缘，长相厮守，已矣，如宾十年，竟忘情乃尔耶？尝与我争持礼俗，问浑圆大地，安置幽灵？嗟乎，有子二人，真灵魂所宅耳。

其三曰：安知早死非为福；岂有下愚不及情。

四、慈父、良师和益友

对于父亲蔡元培，小女儿蔡睟盎有着这样的描述："父亲对于所有子女既寄予殷切期望，提出严格要求，加以悉心培养；又是钟爱备至，终日和蔼可亲，从无疾言厉色。他对于我们的教育，不是耳提面命，简单说教，而是以身作则，循循善诱，潜移默化。”在子女们的心目中，父亲蔡元培是一个的慈父、良师和益友。

对子女的“亏欠”

蔡元培很喜爱小孩子，他对每个子女都极为钟爱。可是，在动荡不安的旧社会，早就以身许国的他很难尽到一个父亲的责任。1902 年，出于对当局反动教育制度的愤怒，上海南洋工学的学生举行了罢课退学活动。为支援这一行动，蔡元培忍痛抛下病重的阿根，只身前往南京等地筹措活动经费。就在他为学生运动积极奔走的途中，家人来信告知说阿根已经病去了，希望他能够早日回来置办丧事。阿根的去世使蔡元培痛不欲生，几欲昏厥。然而，此时的罢课活动正处于关键时刻，需要他亲自主持。因此他只能将悲痛压下，把丧事委托给他人办理，接着又投身轰轰烈烈的爱国运动中去了。多年以后，蔡元培常常埋怨自己没有好好疼爱阿根，经常把他一个人留在家中，没有时间多陪陪他。

蔡威廉是蔡元培的长女，从 8 岁起，她曾先后 3 次随父亲出国。通过努力，她在法国里昂艺术学院获得学位，回国后在杭州艺术专科学校担任教授，时年 24 岁。林文铮是我国近代著名的美术理论家和评论家，与蔡威廉同在杭州艺术专科学校工作。蔡元培赏识其才华，而林文铮对蔡威廉早已有倾慕之心。后来在蔡元培的撮合下，两人喜结良缘。婚后二人感情十分融洽，共育有五女一男。据林征明

（威廉的小儿子）回忆："我的名字还是外公亲自起的。他说我生于昆明，就是征求于昆明，另外有位明代著名画家叫文征明，所以给我起名林征明。"

不幸的是，威廉在生下小征明之后患上了产褥热，不久便去世了。而此时的蔡元培身体也不好，常常卧床不起。亲友们不忍把威廉去世的消息告知于他，怕他承受不了打击。为了打消他的疑虑，女婿林文铮每次给蔡元培写信时，都会以威廉的名义附笔问候。直至蔡元培看到一篇报道时，他才知道女儿已经逝世一周年了。乍听噩耗，犹如晴空霹雳，蔡元培悲痛欲绝。他自责对女儿的关心实在太少了，于是不顾众人的劝阻，强撑着虚弱的身躯在病床上写了《哀长女威廉》一文，借以倾诉失去爱女的钻心之痛。不久，蔡元培就在呼喊着女儿的名字中离世了。现将《哀长女威廉》一文节选如下：

> 近两月来，友人来函中，偶有述及报载威廉不幸之消息者，我于阅报时留意，竟未之见，而文铮来函，均为威廉附笔问候请安，疑诸友人所述之报误也。日内阅昆明来之《益世报》二十六日有女画家蔡威廉昨开追悼会新闻，二十七日有女画家蔡威廉遗作展览新闻，于是知我威廉果已不在人世矣，哀哉！亟以告养友，始知养友早已得此恶消息，并已电汇四百于文铮充丧用，饮泣数夜，但恐我伤心，相约秘不让我知耳。

"且从诸兄学实科"

在子女的教育上，蔡元培特别重视因材施教。在他看来，“这样做不但会使孩子们觉得人生很有意义，很有价值，就是在治学的时候，也一定能够增添许多勇敢活泼的精神”。事实证明，这种因材施教的方法是科学的，而且是相当成功的。二子蔡无忌喜爱乡村生活，对于动植物有种天然的亲近感，蔡元培就引导他去学习农业和畜牧兽医。1924 年，无忌顺利地从法国国立阿尔福兽医学校毕业，成为我国第一个获得国外兽医学博士学位的学者。回国后，他终生致力于中国的畜牧兽医事业，成为了受人尊敬的专家。

三子蔡柏龄，原先学机械工业，觉得兴趣不大，后来在父亲的鼓励下转学磁学。经过努力，蔡柏龄在磁学领域取得了一系列成就：1930 年获得巴黎理学院物理学学士学位；1934 年获得法国研究发明局银质奖章；1947 年获得埃梅·贝尔泰奖等。蔡柏龄长期留居国外，从事磁学研究和强电磁体设计工作，中华人民共和国成立以后他曾多次回国交流经验，对中国电磁事业的进步起到了重要作用。

幼子蔡英多，在不到十岁时父亲就去世了。虽然他对父亲的记忆并不深刻，但父亲对他的影响却是一生的。他说：“父亲和我们无话不谈，为我们做玩具，读《西行漫记》，反正怎么开心就怎么来。常常有人觉得我父亲当过官，总会让自己的孩子去学法律、学政治，以后也好当官，实际上他对我们的教育非常开明，他曾写了 7 个字给母亲：‘且从诸兄学实科’，告诫我们要学习实在、有用的科目。”这种教育方法有利于孩子们发展个性，形成完整的人格。

蔡元培发现英多爱好美术，便委托著名画家刘海粟对他进行指导。蔡元培说：“海粟，你是画家，能不能花点时间看看我的小儿子英多，他可有点才气！这孩子已经九岁了。”后来父亲经常鼓励英多，要他做自己真正感兴趣的事情，而且要持之以恒，长期地坚持下去。中华人民共和国成立以后，蔡英多牢记父亲的教诲，从事自己所擅长的职业。他从华东航空学院（西北工业大学前身）毕业后，被分配到沈阳一航空发动机集团公司搞技术。从此他便在沈阳落户生根，为我国的航空、航天事业和国防科技事业作出了重大贡献。

德育：培养坚韧独立的人格

蔡元培最重视孩子的道德教育，他常说：“德育实为完全人格之本。若无德，则虽体魄智力发达，适足助其为恶，无益也。”1937 年，蔡元培前往南京，参加会议。会议期间，他特意为怀新、英多、睟盎购买了三本精美的纪念册，并依据他们的性格分别题词。蔡元培对每个孩子都有不同的期许，但是又希望他们都能够做一个有良知、有性情、有独立人格的人。

其中，他给怀新题词“富贵不能淫，贫贱不能移，威武不能屈”，希望他能够不因富贵、贫贱、逼迫而变节，始终坚守内心的良好品性；给英多题词“好学近乎智，力行近乎仁，知耻近乎勇”，期盼着小儿子在学习道路上始终保持谦虚、好学的态度，达到知行合一的境界；而给睟盎的题词则是“智者不惑，仁者不忧，勇者不惧”，他希望女儿将来做一个追求新时代、新生活的智者、仁者和勇者，永远自立自强。这三个孩子之中，他最关怀照顾的是小女儿睟盎。据蔡睟盎说：父亲在给她起名时参照了《孟子》一书，意为德行表现于外，有温润之貌、敦厚之态。“睟盎”

又与法国民族女英雄“贞德”的原译名谐音，父亲自然期望她能像圣女贞德那样，永远自尊自强。

1939 年儿童节，正值抗日战争最艰难的时期。为了鼓舞孩子们的爱国热情，蔡元培特意写了一首诗歌教他们唱：“好儿童，好儿童，未来世界在掌中。今日若非勤准备，他年落伍憾无穷。好儿童，好儿童，而今国难正重重。后方多尽一分力，前方将士早成功。”1937 年在香港养病期间，蔡元培收到两本赠书，分别是《西行漫记》和《续西行漫记》。阅读之后他深有体会，便把书送给了女儿，希望对女儿有所帮助。

由于长期受到父亲爱国思想和行动的熏陶，睟盎在毕业之后放弃了跟随李四光出国留学的机会，而是毅然地加入地下党组织。经过重重考验与磨炼，蔡睟盎最终成为一名出色的共产党员。中华人民共和国成立以后，她决定响应国家号召，重新投入到了心爱的科学事业当中。通过努力学习，蔡睟盎后来成了中国科学院上海分院的高级工程师，并连续担任第三、四届全国人大代表，第五、六届上海市政协常委和第六、七、八届全国政协委员。

智育：培养阅读思考的习惯

常言道：“开卷有益。”作为一名教育家、思想家，蔡元培深知读书的益处，因此他非常注重培养孩子们读书的习惯。蔡元培本人也非常热爱读书，除非有特殊的情况，他每天总要读几十页书。所读之书绝不囿于哲学史、文学史、文明史、心理学、美学、美术史、民族学，他还广泛涉猎天文、地理、外语等诸多学科，同时他还有着读书必做札记的习惯。后来，他专门作了一篇《成就不甚大，只因读书不得法》的短文，告诉后人要以他的教训为戒。他说："我的读书的短处，我已经经验了许多的不方便，特地写出来，望读者鉴于我的短处，第一能专心，第二能勤笔。这一定有许多成效。"

蔡元培鼓励孩子们读书，但从不限定范围，而是让他们依据自己的兴趣去选择。当孩子们需要学习传统文化时，他就抽空给孩子们讲解《说文解字》。当孩子们需要提高外语水平时，他会专门请外国教师讲授英语。旅居香港时，为了让孩子们学习国语，他还曾特意请来北京大学的余天民先生为他们补习国文。总之，凡是有益于增长孩子们知识见闻的书籍、报刊，他都会努力弄到；凡是有益于提高孩子们学习能力的机会，他也都会竭尽全力地去争取。

有段时期，孩子们对社会历史产生了浓厚的兴趣，整天都要缠着蔡元培问东问西。为了满足孩子们的好奇心，蔡元培特意买来500册的小学生文库供他们阅读。而且只要一有时间，他就会为孩子们讲述"树居人""穴居人""海滨人"等远古人类的故事。为了让孩子们养成关心时事的习惯，蔡元培夫妇还经常陪他们玩一种"国际联盟"的游戏：每人代表一个"国家"，依次在"国际联盟"大会上发言，发表对于时局的观点和立场。另外，他还经常让孩子们看苏联的画报和抗日漫画，借以培养他们的爱国情怀。

美育：培养美丽的心灵

蔡元培十分重视美育，他认为："纯粹之美育，所以陶养吾人之感情，使有高尚纯洁之习惯，而使人我之见、利己损人之思念，以渐消沮者也。"他深信美育能够陶养人的情操、培养人的品德，因此在家庭教育中蔡元培常常会抓住一切机会对孩子们进行美感教育。

蔡元培提倡的美育是一种健康的生活方式，而不是诸如打麻将、玩扑克、“烟酒赌博”之类的娱乐活动。在他看来，这些活动不具备足够的审美因素，不仅无法充实精神生活，反而有大量的污秽之气。蔡元培说：“所以吾人急应提倡美育，使人生美化，使人的性灵寄托于美，而将忧患忘却，于学校中可实现者，如音乐、图画、旅行、游戏、演剧等，均可去做，以之代替不好的消遣，但切不要拘泥，只随人意兴听到……”这一点，在蔡元培的家庭教育中随处可见。

当蔡睟盎还在咿呀学语时，她就开始学着吟诵郑板桥的诗词：“老渔翁，一钓竿，靠山崖，傍水湾，扁舟来往无牵绊，沙鸥点点清波远……”（《道情十首・其一》）蔡睟盎说，父母喜欢吟诗唱词，经常联句、唱和，每逢生日时二人还要互赠诗词。此外，母亲在油画上有着极高的天赋，所以她经常指导大家创作油画。正是得益于文化艺术的美感熏陶，睟盎兄妹几人都有着很高的审美旨趣。

待蔡睟盎长大一些后，蔡元培夫妇发现她喜爱音乐，于是就多次带她去一位俄罗斯女教师家学琴。有一次，蔡元培到香港出差，路过一家钢琴店。经过一番挑选，他最终花费 50 港元买了一架旧钢琴，终于满足了女儿的心愿。小时候，蔡英多喜爱绘画，尤其擅长画马，他曾按照陆游的诗句“细雨骑驴入剑门”作画一幅，得到了父亲的高度赞扬。后来，蔡元培拿着英多的画给著名画家刘海粟先生看，并得意地问他：“你看我的小儿子是否有点才气?”

正如蔡元培先生所倡导的那样，要有良好的社会，必先有良好的个人，而要有良好的个人，就必须首先要有良好的教育。纵观蔡元培子女们的人生轨迹可知，他们之所以都能在不同的人生阶段、不同的境遇中活出精彩，拥抱平凡而又幸福的人生，这与蔡元培“亦父，亦师，亦良友”的家庭教育密不可分。

延伸阅读

[1] 萧超然：《蔡元培》，昆仑出版社 1999 年版。

[2] 刘然编：《儒雅的泰斗：蔡元培》，中华工商联合出版社 2015 年版。

[3] 施龙：《蔡元培：只手缔造新北大》，中国发展出版社 2008 年版。

尚侠好义　诗书传家：黄炎培好家风

黄炎培（1878—1965），字任之，江苏省川沙县（今上海市）人。我国著名的爱国教育家、政治家和诗人，中国民盟和民建的主要创始人。中华人民共和国成立初期任国务院副总理兼轻工业部部长、全国人大常委会副委员长。黄炎培是中国近代职业教育的创始人和理论家，曾在上海创建了中华职业学校。1945 年 7 月，黄炎培访问延安，与毛泽东进行了著名的“历史周期律”对话。1965 年 12 月21 日，黄炎培因病逝世于北京，享年 88 岁。

黄炎培祖上是书香世家，据说是战国时期春申君黄歇之后。黄炎培的父亲名叫黄叔才，考取秀才以后便在乡里开馆授学。几年后，黄叔才放弃了教师的工作，开始游历河南、广东、湖南各省，曾当过督抚的秘书。父亲平常极少在家，但他尚侠好义的性格对黄炎培影响极深。黄炎培曾在致姜体仁的信中写道："吾家先辈，颇以豪爽、耿介、尚侠、好义、作事精能，见称于乡里，亲朋有事，尽力扶助；有难，尽力救护，寖成家风。"

一、尚侠好义的耿介家风

尚侠好义、扶危济困向来是中国人推崇的优良风范，它折射出国人对于公道、正义的维护，对于"天下为公"、忧国忧民的追求。纵观黄炎培的家风可知，这种精神风范得到了充分体现。

平冤轶事

当时南汇县有一个周姓秀才，他的父亲刚刚过世，妻子就生了一个儿子。有好事者把消息告知了南汇知县，县太爷认为周秀才犯了"服中生子"的罪，于是准备派人前去捉拿。黄叔才适假在家，听到这个消息之后勃然大怒，立即带着《大清律例》偕同周秀才前往县衙，要找知县辩理。升堂之后，黄叔才义正辞严地责问知县为什么要捉拿周秀才。知县答："他的父亲刚刚死掉，家中就添了孩子，这是犯了'服中生子'的罪过。"黄叔才问："他的父亲哪一日去世？他的妻子哪一天开始有的身孕，又在哪一天生育？你可否做过调查?”知县哑口无言。

黄叔才拿出《大清律例》，继续追问：“这些暂且不说。你判他有罪，依据《大清律例》的哪一条款?”知县开始慌乱，答道：“我确实没有查看过《大清律例》。”黄叔才再道：“既然如此，你判人不依律例，量刑全凭心意，你这是犯了‘故入人罪’的大罪了。”知县惶恐认错，连忙收回令牌，恭敬地把两人给请了出去。一场冤狱风波，就此平息。从这以后，叔才公的美名流传开来。

勇敢少年

父亲黄叔才耿介尚侠的精神传给了年少的黄炎培，使他受益匪浅。鸦片战争以后，整洁美丽的川沙城开始变得乌烟瘴气。城中有一个名叫祝三团的流浪儿，常年混迹于大街小巷，无人照料。这一天，他实在太饿了，偷了几个馒头，结果被店铺伙计发现了。伙计当着众人的面，用鞭子狠狠地抽打他。祝三团边嚼边哭：“不敢了！不敢了!”这一幕刚好被黄炎培看到，引起了他的极大愤慨。少年黄炎培奋力拨开众人，急步走上前去，大声喝道：“住手！他肚子饿要吃饭，你不给他吃，还要狠狠地打！快把他放了!”话音刚一落地，立即就有人一起求情。店铺伙计也自觉做得有些过分，就把他放了。事后，众人皆赞黄炎培继承了父亲尚侠好义的风骨。

有一次，黄炎培婶母家的女佣人得了一种怪病，即便找了不少医生，吃了很多药，其症状也未见好转。这时有人说：“这是鬼上身了，要摆香堂，请佛祖、菩萨，才能救她。”婶母半信半疑，请人做了一场法事，果真“灵验”。

消息传开后，半个川沙城都轰动了。一些得病问药的、拜佛求子的、保佑诸事顺利的人，纷至沓来。听说这件怪事之后，黄炎培决定到婶母家去查看究竟。

这一天，婶母家正堂中心一名女工双目紧闭，坐在香案旁大喊大叫，一旁众人无不骇然。有人小声说："这几日她的小儿得了怪病，瞧了很多医生都无法治好，这才过来祈求香灰水了……"黄炎培看了一会儿，觉得甚是荒诞。只见他大踏步走到香案前，"哗啦"一声把桌子掀翻在地，大声喊道："这是迷信，会害死人！如果有鬼，就让它来找我吧！"众人吓得目瞪口呆，连忙祷告："不得了！不得了！""这个没有爹妈管的，瞧把他厉害的！他马上就会得病，指定活不长了！"可惜结果让他们失望了，黄炎培不仅没有得病，反而活到了88岁的高龄。

著书风波

1945年延安归来以后，黄炎培的心情久久难以平静。延安给他的印象太深刻了！共产党领袖们的胸襟气度、刚强的革命意志，将他深深地折服了。他决心要把这些见闻都记述下来，还世人一个真相。说做就做！黄炎培文思泉涌，只用半月时间就写成了《延安归来》一书。写书期间，不少人劝他慎言慎行。有朋友说："国民党最怕事实。多年来，他们时刻都在污蔑共产党杀人放火，共产共妻，无恶不作。为了欺骗国人，他们更是把延安形容成肮脏污秽的人间地狱。现在，你告诉大家边区是多么的自由、祥和，共产党的将领们是多么的温文儒雅，这岂不是狠狠地打了蒋介石的耳光么？"黄炎培婉拒了朋友的好意，他说："我虽不信佛，但是一生不说假话。共产党的确是一心一意为人民服务的。事实胜于雄辩，我黄炎培决不作欺世盗名之辈。”

书稿完成以后，最大的问题是如何通过反动政府的审查。几经周折，《延安归来》一书终于在《国讯》杂志社的帮助下顺利出版。该书一经出版，立刻引起举国震动，同时也引起了反动当局的嫉恨。国民党特务四处查禁此书，并扬言要抓捕一切参与此事的人员。为抵制这一独裁行径，争取出版权利，黄炎培约请好友共同发表了“拒绝图书出版检查”的联合声明。声明一经发出，迅速获得了重庆出版界的大力支持。当时有人说：“黄炎培真是吃了雄心豹子胆。这可是性命攸关的大事呀！”然而黄炎培早已将个人名利、安危置之度外，奔走于重庆各界，寻求支持。

1945 年 10 月 16 日，在黄炎培等人的不懈斗争下，重庆杂志界联谊会成功举办了第三次会议，这标志着“拒检运动”获得胜利。后来，黄炎培特意写了一首名为《吾心》的律诗，描绘了他这一时期的艰辛历程。诗云：“老叩吾心矩或违，十年回首祇无衣。立身不管人推挽，铄口宁愁众是非。渊静被驱鱼忍逝，巢空犹恋燕知归。谁仁谁暴终须问，那许西山讬裁薇。”

二、相敬相爱的醇正家风

黄炎培的家风醇厚，这充分体现在他们待人接物的态度和方式上。在待人上，长辈会时常教育孩子要懂得尊重他人，懂得维护亲人之间的感情。在做事上，大人们常常会以身作则，用亲身行动为孩子们示范。

母亲的训诫

母亲谦和友善的品行对黄炎培产生了深远影响。有一天，家里宴请客人，母亲一早就起来摘菜洗碗、炒菜做饭，忙到中午。然而到了吃午饭时间，还未见客人的影子。黄炎培早已对美食垂涎三尺，他央求母亲让他先吃一些。母亲没有允诺，而是给他讲了礼敬宾客的小故事，接着又说："再等一等。客人还未来到，我们是不能开饭的！儿啊！待人要好一些，自己要省俭一些！要这样做人。"黄炎培深受启发，于是继续忍着腹中饥饿，与母亲一起等候客人。

有一次，母亲给他讲《珍珠塔》的故事，讲得十分动听。故事讲的是河南官宦之子方卿，他在家道中落后孤身前往姑母处借钱，未曾想竟遭到姑母的嘲笑，怒而辞归。表姐陈翠娥闻听讯息后便以赠点心为名，将无价之宝珍珠塔藏于盒中，与他私定终身。后来方卿考取官位，重新来到姑母家，迎娶了翠娥。母亲一边讲，一边语重心长地对黄炎培说："你看方卿多苦！儿啊！你将来必须争气！"黄炎培始终牢记母亲的教诲，未曾一日忘却。1957 年，时任国务院副总理的黄炎培受邀观看了《珍珠塔》的演出。其间他不禁想起了母亲的训诫，乃作诗一首："余兴逢场听管弦，珍珠塔影隐华筵。人情冷暖儿时识，母训回头七十年。"

有一次，母亲病了，躺在床上休息。黄炎培既没有去读书，也没有帮忙做些家务，只顾在一旁玩耍。这让母亲很生气，于是便把黄炎培喊了过来，狠狠地训斥了他一番：

“奎（小名），你看！谁在那里闲荡过日子？公公怎样？婆婆怎样？爹在外面怎样？农民一个个忙得怎样？只有你既不读书，又不做事，怎对人得起？”母亲的训斥使黄炎培终生难忘，从这以后他再也不敢闲散懒惰了。后来他还特意写了一首诗，回忆这段往事：“儿懒惰，母生气；儿勤劳，母欢喜。”等黄炎培组建家庭有了孩子，他常常拿母亲的话来教育他们。

一只鸡毛掸子

古语云：“父母之爱子，则为之计深远。”父母如果真的疼爱孩子，就要为他们做长远的打算。跟所有父母一样，黄炎培非常疼爱自己的子女，但是他却从来不溺爱他们。为了培养子女们勤劳节俭的品质，他和妻子王纠思（黄炎培的首任妻子）会严格控制零花钱，并且每次用钱都要记账。直到上初中时，孩子们的手中也只有少量的零花钱。

一天晚饭后，妻子正在收拾碗筷，擦洗桌椅。几个孩子在屋里做游戏，丝毫不知道体谅妈妈的辛苦。看到此景，黄炎培心中顿时有了办法。他徐步上楼来到书房，拿起一只鸡毛掸子顺手扔在地上，冲楼下喊：“孩子们，赶快上楼来，爸爸有事找你们。”听到爸爸的呼唤声，大女儿迅速朝着楼上跑去，她怕把掸子踩坏，便绕着来到爸爸身旁。小儿子也不甘落后，一个箭步就从掸子上迈了过去，得了个第二名。三女儿年龄最小，看到姐姐和哥哥都比她快时心中不服，一气之下就把掸子给踢开了。妻子在收拾完东西后，也来到楼上。当看到地上的掸子时，她弯身捡起随手放回了原处。

“爸爸，有什么事?”孩子们争先恐后地问道。

黄炎培一脸严肃地说：“刚才掸子去哪里了?”

“被扔在了屋地上。”孩子们答。

“是谁把它捡起来的?”

“妈妈。”孩子们异口同声地说道。

“为什么你们就不知道捡起来呢?”黄炎培继续追问。

孩子们支吾半天，涨红了脸，答不上来。

“你们几个小孩子太不懂规矩！年龄这么大了，看到东西乱扔却视而不见。为什么妈妈能不假思索地顺手把它捡起来？因为她长期操持家务，养成了勤劳的习惯。刚刚吃完晚饭，只有妈妈一人做家务。你们不心疼妈妈，却蹲在那里玩耍，这怎么行？只有现在学着做家务，学会料理自己的生活，将来才能为民族、为人民做事情。”孩子们听完后，都默默地低下了头，牢牢记住了父亲的训诫。从此以后，家里再也没有人闲着了。

夫妻伉俪情深

1940 年，王纠思因病逝世。此时黄炎培已年逾六十，身体健康每况愈下，子女又常年不在身边。在亲友们的张罗下，众多说媒者登门拜访，但都被他一一婉拒。

1941 年年底，黄炎培受邀到贵阳大夏大学（华东师范大学前身，抗战曾迁往贵阳）讲座，从上海过来游玩的姚维钧也在台下听讲。姚维钧对黄炎培仰慕已久，当得知他孑然一身、无人照料时，就主动写信给他，表达了愿与他共赴国难的志向。姚维钧赋诗写道：“孤鹤高飞，越海冲天，别尽旧人。且开拓新境，聊酬壮志，快翻怒翼，早拂清尘。……无言久，有一腔热血，相映红轮。”黄炎培被她的爱国热情打动，写了回信。在此后的一年中，两人鸿雁传情，互通书信上百封。不久，在沈钧儒等老友的见证下，两人举办了婚礼。席间，黄炎培不无感慨地对众人道：“佳人易得，同志难求。”

婚后两人聚少离多，但是情比金坚。黄炎培既是国民参政会议员，又是民盟、民建的主要创始人，事事都要他亲自过问，因此常常早出晚归。为了迎接丈夫回家，姚维钧每日会在半山腰处静静地等他归来。久等不见，她曾写诗道：“观音岩上久徘徊，贩者纷纷饱橐回。过尽千车人不见，一镫远送屐声来。”为了感谢夫人的细心照料，黄炎培回诗一首：“观音岩上市声稀，夜夜夫人迎我归。过尽千车人不见，一天风露湿君衣。”

抗战胜利后，国民党加强了独裁统治。在看到共和无望后，黄炎培便毅然辞去国民参政员一职，与国民党彻底决裂。从这以后，一家人过上了逃亡生活。其间幸有姚氏无微不至的照顾，这才使他渡过最为艰难的时期。1948 年，姚维钧迎来 40 岁生日，为了感谢夫人多年的陪伴付出，黄炎培特地赠诗一首：“迎君长夏海棠溪，入握情丝未足迷。出处商量关大计，将才许国两心齐。”中华人民共和国成立以后，常年劳碌的姚维钧病倒了。其间黄炎培写下数篇相思的诗词，托人送至姚维钧的病床前。姚维钧深受感动，也写下几页情深意长的书信，回赠丈夫。

三、投身革命的爱国家风

心怀天下、投身报国是无数仁人志士的崇高追求，也是中华民族能够从深重的灾难中崛起与复兴的“精、气、神”。在动荡不安的历史乱流中，黄炎培不惜七尺之躯投身革命，为民族解放做出了杰出贡献，也为后人树立了投身报国的榜样。

投身革命洪流

甲午战争失败后，清政府签订了丧权辱国的《马关条约》，这使黄炎培受到了极大刺激。18 岁时，黄炎培在姑父的书库中偶然间读到严复的《天演论》，这部书对他的思想产生了强烈的震撼。1902 年，黄炎培离开南洋公学，回到家乡创办了川沙小学堂和开群女学。除此之外，他还组织群众定期举办演讲会，讲述帝国主义如何凶狠残暴，中华民族前途如何堪忧。

次年 6 月，黄炎培受邀到南汇县新场镇进行演说。黄炎培的演讲极具感染力，引起民众的强烈共鸣，一时间“百里以内，舟车云集，十分轰动”。然而这却引起了清政府的极大恐慌。南汇知县戴运寅派人当场拘捕了几名进步青年，黄炎培也未逃厄难。清政府张贴告示，公开宣告：“照得革命一党，本县已有拿获，起得军火无数……”后经江苏巡抚、两江总督会审，三日后要将黄炎培就地正法。幸运的是，黄炎培等人被保释出狱，后来被送往日本留学。

1905 年的一天，黄炎培来到恩师蔡元培家中。席间他向老师吐露心志，表达了自己的爱国之意。蔡元培被他的救国诚心所感动，于是神情庄重地问他：“中华民族的前途暗淡且极其危险，你可知道?”黄炎培点头称是。“唯今之计，要救中国，只有革命一途。你可赞同?”答曰：“赞成。”“力不集，则大事难成。要革命，首先要组织起来，共同奋斗。现在有个真正的革命组织——中国革命同盟会，是孙中山和黄兴共同创立的。现今爱国的进步人士都在这里，你愿不愿意参加?”蔡元培再问。黄炎培双眼顿时放出神采，欣喜地说道：“刀下余生，只求于国有益。一切唯先生之命是从。当然愿意参加。”随后，蔡元培向他表明自己乃是同盟会上海分部负责人的身份。蔡元培要求黄炎培跟他一同宣读同盟会誓词：“驱除鞑虏，恢复中华，建立民国，平均地权。”接着，蔡元培为他一一解释誓词要义、会员情况。事后黄炎培满怀激动，热泪盈眶，他在心中坚定地告诉自己：“此生务以天下兴亡为己任。”

青山处处埋忠骨

在父亲革命精神的鼓舞下，黄炎培的子女们也都先后投身民族解放事业。上海解放前夕，国民党抢运黄金，准备退逃台湾，结果被在上海中国银行工作的黄竞武（黄炎培次子，民盟重要成员）发现了。为了保护人民财产，他冒着生命危险公然揭露了反动派的丑恶嘴脸，并率领员工们进行阻拦。反动当局对黄炎培早已恨之入骨，无奈他的名望太大，只能抓来他的儿子泄愤。黄竞武被捕以后，敌人对他威逼利诱，想尽一切办法要套取民盟信息，然而最终一无所获。1949 年 5 月27 日，竞武被敌人活埋至死。

儿子的牺牲使黄炎培不胜悲痛，但他认为：“要革命总得有人牺牲，竞武之死死得其所。”后来，他在书信中写道：“承以儿子竞武遭难，赐电齿及，不胜哀感。竞儿仅一专门技术人员，只因为民主服务，惨遭杀害，亦可云求仁得仁。炎培虽老未衰，犹愿随诸先生后，对人民革命，更加努力，以补诸先生对此儿已绝之期望。敬此道谢！”为了排解黄炎培的悲痛，周恩来总理还特意请他们夫妇在颐和园居住数日。待心情稍有平复，黄炎培立即撰写了《我儿竞武的一生》一文。接着，他又不遗余力地将竞武挚友们所作的纪念文章装订在一起，成册若干。黄炎培将小册子分别赠给中央的几位领导同志，借以答谢他们的关怀。

愿为人民做官

黄炎培不趋炎附势，亦不愿做官。早年间，北洋政府曾多次请他做教育总长，都被他拒绝了。袁世凯恼羞成怒，写下八个大字：“与官不做，遇事生风。”无独有偶，蒋介石粉墨登场以后，对黄炎培更是前倨后恭。他先是通缉黄炎培，称其为“学阀”，逼他多次逃亡。之后蒋介石又以民主自居，开始笼络文人名士，尤其是对黄炎培许以高官厚禄，赏以特权，希望黄炎培能够为他摇旗呐喊。但黄炎培始终不改心志，决不做蒋介石反动集团的“刀笔吏”。中华人民共和国成立以后，毛主席和周总理力邀他参加人民政府，为新中国服务。面对共产党的诚意邀请，黄炎培没有再做推辞。他以 72 岁的高龄担任新中国政务院副总理兼轻工业部部长，成为 4 名开国副总理之一，并见证了开国大典这一盛举。

儿女们均感不解，前来问他缘由：“爹爹你一生拒不做官，恁地年过七十而做起官来了？”黄炎培娓娓道来，他说：“这点愿向诸位说明一下：人民政府，是人民的政府，是自家的政府。自家的事，需要人做时，自家不应该不做，是做事，不是做官。”不久，在第一届全国政协会议上，黄炎培代表民建作了正式发言。他激动地说：“在东半个地球大陆上边，建造起一所新的大厦来。这座大厦已题名了，是中华人民共和国……这座大厦有五个大门，每个门上两个大字，让我读起来：独立、民主、和平、统一、富强。”黄炎培对国家和人民的赤诚之心，于此可鉴。

此心安处是吾乡

黄炎培为革命事业奔波一生，直到暮年才有了自己的房子。不过，这所房子还真是来之不易呢！多年来他把全部积蓄都投到了教育当中，可以说是真正的“毁家纾难”，后来还是在众多好友的帮助下买了一所旧房子。对此，黄炎培感慨万分，曾赋诗一首：“七十无家复有家，一楼冷却市声哗。关门忍便抛群众，老读差怜眼未花。”1946 年，全面内战爆发，国民党加强思想控制，对进步人士的迫害日甚一日。考虑到自己的危险处境，黄炎培便把家人喊来，他对夫人说：“我一生无资无财，万一我有什么意外，这所房子留给你和孩子们吧。”

中华人民共和国成立初期，受到党中央和毛主席的邀请，黄炎培担任政务院副总理、轻工业部部长。按照相关政策，他可以到一个环境优雅的住所办公，结果他却选择住到了北京西城外一座狭小破旧的宅院里。这所房子很陈旧，空间又小，只能供黄炎培一家人使用。如果再加上数十名工作人员、安保人员的话，房子就显得拥挤不堪了。不过，黄炎培并不介意。在他看来，如何能够为国家节省财力、物力才是最重要的。

据工作人员回忆：黄老非常节俭朴素，生活过得很清贫。他的很多生活用品都很陈旧，其中还有很多东西是抗战时期的，但是黄老却怡然自得。到了 20 世纪 50 年代中期，国家财力稍有富余，考虑到黄炎培的身体和工作情况，中央决定给他建造一座小洋楼。但是一想到建设新中国还需要大量资金，他就坚决不肯搬迁。就这样，黄炎培在这座小宅院里度过了十多个春秋，为国家和人民殚精竭虑，直至去世。

四、诗书传世的和睦家风

黄炎培自幼酷爱读书，真正做到了“活到老，学到老”。他读书不是为了追求功名利禄，也不是为了显露高深学问，而是为了寻找救国救民之路，为了投身革命，实现人生价值。可以说，书是他一生最宝贵的财富，也是他留给后人最珍贵的馈赠。

非学无以明志

黄炎培出身于书香门第，8 岁时就在叔父的开蒙下读四书五经。9 岁起，他在外祖父孟荫余家的东野草堂读书，达十年之久。孟荫余老先生有着极高的文化造诣，可以说他在黄炎培的成长中扮演着重要角色。刚到孟家时，孟老爷子就抱着黄炎培看墙壁上的泥板画，画中讲述的是中法战争之谅山大捷：双方士兵猛烈厮杀，场面惊心动魄。老先生一边指着画中人物，一边给怀里的黄炎培讲解战争情况。

黄炎培天资聪颖，在诗词上很有天赋。有一次，老师以“家在江南黄叶村”为主题让他作诗。稍作思考，他立刻写出了一首对仗工整、意境优美的四言绝句。村里有位长者听说黄炎培很聪明，便想出题考考他。长者出一上联：“相对一庭花，久而生厌。”黄炎培不假思索，脱口而出：“纵谈千古事，快也如何。”众人皆赞他才思敏捷，孺子可教。曾有人做过统计，发现黄炎培一生创作诗词竟多达两千首。世人评价说，黄炎培不是职业诗人，可他的诗却意味隽永、音调铿锵，颇有唐代李杜遗风。

黄炎培这一生真正做到了“学到老，改造到老”。1953 年夏季，在北戴河休假期间，黄炎培竟然以 76 岁高龄精读了《资本论》。他一边研读思考，一边认真做笔记，总共摘录三百多条，多达五十多页。后来他还报名参加了中央社会主义学院，系统学习马列主义哲学课程，从未缺课。80 岁寿辰时，黄炎培决定响应党的号召，秉着是非的直笔撰写回忆录。

有人对黄炎培的这一举动不太理解：“黄任老，您这样高寿，怎经得起这般辛劳?”黄炎培在他的自叙中（《八十年来——黄炎培自述》）给出了答案。他说：“我是一八七八年夏历九月六日出生的。那天是公历十月一日，是我跨上这八十年的第一天。——作为一个一九四九年十月一日宣告成立的中华人民共和国的公民，对自己的生日和新中国建国日期的巧合，能不因我个人对新生祖国的特殊热爱而想到应该怎样忠诚图报呢！——到一九五八年十月一日，我生满足八十年了。我就在满足八十年以后，开始写这本《八十年来》。但愿说明，开始写时，我已经八十岁了，到完稿期，或不及完稿，不知我在实际上能享受多少岁月?”

为了给新中国成立十周年献上一份贺礼，黄炎培常常抽出闲暇时间进行写作。经过不懈努力，他终于写出了《八十年来》这本心血之作。

手书黄氏家训

四子黄大能，初中时曾就读于沪江大学附属中学。这是一所贵族学校，到处充斥着一股奢侈攀比的风气。经过一段时期观察，黄炎培决定将大能转到由他创办的中华职业学校。他的这一举动令家人很难理解，黄炎培就解释说："我们黄家可不能培养出一个贵族子弟来!"事实证明他的决定是正确的。几年之后，品学兼优的大能考获了公费留学名额。在儿子即将赴英之际，黄炎培手书了三十二字家训赠送于他："事闲勿荒，事繁勿慌。有言必信，无欲则刚。和若春风，肃若秋霜。取象于钱，外圆内方。"

开头四句，是黄炎培对儿子平时学习的要求，意为：无事可做时，最易养成懒散的恶习，故而应时刻鞭策自己，抓紧时间，切勿荒废了学习；事情繁杂的时候，容易心生急躁，头脑发热，犯严重的错误，因此务必沉着应对；只有言必信、行必果，信守承诺，别人才会相信自己；人一旦没有了私欲，就会变得果敢刚正，理直气壮。最后四句，是对儿子提高内在修养、涵养性情的期望。他要求儿子对待朋友应和蔼可亲，像春风一样暖人；对待坏人坏事应像秋霜一样凌厉，不留情面。在是非曲直上，应该爱憎分明，不要模棱两可。最后，他用古钱作比，就是希望儿子做人外圆内方，既有谦虚谨慎的作风，也要敢于坚持大是大非的原则。

黄大能将父亲的训诫郑重地放进书箱，时刻警醒自己。归国以后，黄大能成为我国著名的水泥混凝土技术专家，为建设新中国作出了巨大贡献。黄炎培的三十二字家训也一直留传了下来，对他的后人影响极深。黄炎培总共育有14个子女，他们在各行各业都有所建树，如长子方钢，曾任武汉大学教授、东北大学文学院院长；次子竞武，哈佛大学金融硕士，民盟重要成员；三子万里，著名水利专家，曾任清华大学教授；五子必信，曾任大连工学院教授；六子方毅，曾任北京大学教授、全国政协委员。可以说，黄炎培的子女之所以个个都如此优秀，这与他们诗书传世的和睦家风有很大渊源。

延伸阅读

[1] 陈伟忠、杨正德：《黄炎培故事》，文汇出版社2000年版。

[2] 黄炎培：《黄炎培诗集》，中国文史出版社1987年版。

[3] 陈伟忠：《黄炎培诗画传》，上海社会科学院出版社2010年版。

勤俭耕读　德高为范：陶行知好家风

陶行知（1891—1946），安徽歙县人，近代伟大的人民教育家、思想家。陶行知原名文浚，因推崇“知行合一”而改名“行知”。1914 年，陶行知赴美国伊利诺伊大学求学，之后在哥伦比亚大学研究教育。历任南京高等师范学校教授、东南大学教育科主任等职，后来因主张推行“生活教育”和创办晓庄师范学校而闻名全国。1946 年 7 月 25 日，患脑溢血逝世，享年 55 岁。陶行知逝世后，毛泽东曾对他进行了高度评价：“痛悼伟大的人民教育家，陶行知先生千古。”

陶行知是享誉中外的著名教育家，他主张“知行合一”，提倡平民教育，对中国近代教育影响极深。同时，在立德树人方面，他德高为师、身正为范，培育了勤劳俭朴、胸怀百姓、追求真理的家风。他的子女在他的耳濡目染下，也都学会并继承了良好的家风家教。

一、勤劳慈爱治家的母亲

在陶行知的一生中，对他影响最大的人当属他的母亲。陶行知的母亲虽然识字不多，不懂得什么教育子女的大道理，但是她用深厚的母爱、辛勤的劳动培养出了陶行知这样的人民教育家。

一把剃刀

陶位朝，字笑山，是陶行知的父亲。位朝先生自小克恭克顺、温和敦厚，很招长辈们喜爱。父亲陶公禄去世后，位朝继承了父亲的小铺子。在他的精心打理下，铺子的生意越来越红火。过了一段时间，陶家铺子对面新开了一间豆腐店，店主姓曹。这家人大方谦和、彬彬有礼，没过多久两家人就熟络起来。俗话说，“千里姻缘一线牵”。老板娘相中了位朝的人品，于是托人上门提亲，想把三女儿曹翠仂许配给他。不久，两人喜结连理，成为结发夫妻。

那时节社会动荡不安，百姓们死的死、逃的逃，陶家原本红火的生意也逐渐衰败下来。由于无法承担高昂的开销花费，一家人就搬回了村里定居。回乡之后，陶位朝心力交瘁，很快引发了旧病，身体变得越加虚弱。这时候家中的大小事务均由妻子操持。曹氏贤惠能干，在农忙时帮助丈夫除草种地，农闲之时则替人缝补鞋袜，挣取外快。为了节省开支，她还接过了家传的剃头刀，一力承担起了为丈夫和孩子理发的任务。1933 年，曹氏积劳成疾，不久逝世。为了表达对母亲的思念之情，陶行知特意为这把剃刀写了一首小诗："这把刀！曾剃三代头。细数省下钱，换得两担油。"

相依为命

父亲去世以后，陶行知和母亲相依为命。陶行知自小善良懂事，每当母亲操劳家务时他都会跑过去帮忙。母亲做鞋底，他帮着收拾碎布片，穿针走线；母亲在河边洗衣服，他也跟在后面来到水边，吃力地拿衣服、拎水桶。有段时间，家里太过拮据，一家人很难吃上一顿饱饭，这时母亲就会从灶台里拿出一个熟透的红薯递给他吃。红薯很小，只够他一人吃的。为了让儿子吃饱饭，曹氏就推说自己不饿，将整个红薯都给了他。陶行知聪明过人，母亲的话如何骗得过他的火眼金睛！他趁母亲不注意，一把将红薯塞到她的口中。曹氏慈爱地看着儿子，内心泛起了幸福的涟漪。

有一天，陶行知哭着从外面跑了回来。曹氏连忙放下手中的针线，问他发生了何事。他哭着说："邻居家的小孩子生病，大人给她泡了香灰水喝，后来死掉了！"陶行知一边大哭，一边抹着眼泪。曹氏把儿子紧紧抱在怀里，安慰道："孩子，人死是不能复生的。"这时她想起了夭折的女儿，心里一阵泛酸，眼泪也落了下来。这可把陶行知吓坏了！在他心中母亲一向很坚强，从未见她如此伤心难过。陶行知迅速抹去眼泪，开始安慰母亲。过了好一会儿曹氏才缓过神来，她告诉陶行知说："你的姐姐也是喝香灰水死掉的，咱们穷人的命运太悲苦了！你以后有出息了，就要使全天下受苦人的日子好起来……"陶行知认真地点头，将母亲的嘱咐牢牢记在心里。

母亲的寿辰

1923 年 8 月，陶行知与晏阳初等人成立了中华平民教育促进会。为实现"用四通八达的教育来创造一个四通八达的社会"的目标，陶行知先后在北平、南京等地动员胡适、姚文采、洪范五等人，并率先在家中设立了"笑山平民读书处"。为支持儿子的这一行动，曹氏以 57 岁高龄主动参与教育实验。在孙儿的帮助下，她先是学习文字，接着学习语法，最后竟然达到了独立看报、写信的水平。陶行知从母亲的学习实践中得到启发，总结出"连环教学法"和"小先生制"，稍加修改后就在全国推广开来，取得了显著效果。

陶母即将过六十大寿时，陶行知一直在忙着晓庄师范学校的工作，无法分身。为了排解母亲的思念之痛，他就托人寄来一张附有诗词的相片。看着儿子略显清瘦的照片，陶母不知不觉地流下两行泪水。她知道儿子工作紧张，没有时间与家人团聚，于是便请人给儿子捎去书信和自制的月饼。在信中她劝慰儿子保重身体，工作上要以国家为先，以教育事业为重。

看到母亲的殷殷期待，陶行知就主动谈了自己未来一年的打算，他说："儿从母亲寿辰立志，决定要在这一年当中，在中国教育上做一件不可磨灭的事业，为吾母庆祝并慰父亲在天之灵。儿起初只想创办一个乡村幼稚园，现在越想越多，把中国全国乡村教育运动一齐都要立它一个基础。儿现在全部的心力都用在乡村教育上，要叫祖宗及母亲传给儿的精神都在这件事上放出伟大的光来。儿自从立志以后，一年之中务求不虚度一日，一日之中务求不虚度一时，要叫这一年的生活完全地献给国家，作为我父母送给国家的寿面，使国家与我父母都一样的长生不老。"正如信中所说的那样，陶行知不仅设想出了中国教育的美好理念，而且更可贵的是他能够以行践言，真正做到了"知行合一"。

二、崇尚节俭的平民校长

小时候的贫困生活，使陶行知很早就懂得了节俭的美德。陶行知的节俭不仅体现在他能够始终严格要求自己，而且体现在他能将这一美德应用于教育之中，使更多的人认识到了节俭的重要性。

农夫教授

起初，有很多人不理解陶行知为何自愿放弃城市的舒适生活，不在大学当教授而甘当乡村的穷教师。每当面对这样的问题时，陶行知总会这样回答："我是农民的儿子，我也是农民。"俗话说："君子以俭德辟难。"日常生活中，陶行知推崇节俭，坚持"四不主义"，即"不抽烟，不喝酒，不上馆子，不上娱乐场”。他节俭到何种程度呢？袜子破了，不舍得扔掉，而是补了再穿，破了再补。为此，他还特意作了一首诗，名为《我的袜》：

吾袜真奇怪，半年穿两双。
人笑我蹩脚，谁知我新欢？
这袜母所补，这袜儿所穿。
儿穿母补袜，快活如神仙。

有一次，为了筹借办学资金，陶行知找到了大军阀孙传芳。由于时间紧迫，来不及换上长衫礼帽，他就穿着粗布衣服来到了司令部门前。等到了门口时，他拿出证明信想要进去，结果却被卫兵当作农民挡在了门口。过了半天，孙传芳有公务外出，路过门口。就在这时，陶行知连忙拦住车队，拿出自己的名片，不卑不亢地递了过去。孙传芳从报纸上看过陶行知的事迹，知道他名望极大，得罪不起，于是立刻将他请到客厅，再三致歉。这时卫兵端来了茶水，当他看到总司令跟一位“农民”谈笑风生时，不由得疑惑起来。孙传芳指着卫兵笑骂道：“这位是鼎鼎大名的陶行知教授，以后要对他礼遇有加。”卫兵恍然大悟，连忙表示自己以后再也不凭衣帽看人了。

一切要从简

1939 年 12 月，陶行知与吴树琴举行婚礼，有情人终成眷属。这一天，陶行知换上干净整洁的长衫，刻意刮了胡子。吴女士穿着一件蓝色旗袍，头发微微卷起，素妆轻描。

出席婚礼仪式的只有双方的朋友、亲人和学生们，喜桌上简单地摆放着几碟花生、糖果和茶水。唯一能够烘托出喜庆氛围的，便是墙上贴着的大红“囍”字。证婚人由当地抗日义勇军领袖——赵侗的母亲担任，赵老太太感慨地说：“陶夫子让我来当证婚人，我心里直打鼓。今天的婚礼却简单地像游击队里的同志结婚，实在是一个‘游击结婚’仪式！”老太太的一番话引得满堂欢笑。

婚礼结束后，众人请陶行知讲话。推脱不过，他就作了一首打油诗：“男先生，女先生，结了婚，打日本，怎样打日本？团结去斗争，结婚革了命，不再为自身，为民族，求生存，联合起来誓不分。”结婚以后，夫妇二人住在重庆北碚檀香山桥附近一个二层旧碉堡里。他们亲自种菜施肥，共同从事教育事业，夫妻伉俪无比恩爱。

有一次，村里有人结婚，大摆喜宴。陶行知从门口路过，刚好遇见了新郎的叔叔。他热情地拉着陶行知，笑得合不拢嘴：“陶夫子，您吃了喜宴再走不迟！今天是我侄子结婚，他没有父亲，是我一手为他操办的。”“娶个新娘子，要花多少钱？”陶行知关切地问他。“一头牛，加上我和侄子一起攒了好几年的钱，刚好够用。”“老哥，可以改一改呵！牛卖掉了，以后还怎么劳作呢？”老农摇了摇头，无奈地说：“结婚是终身大事，要讲一讲排场！不这么办，谁家的姑娘愿意嫁过来呀？”陶行知感慨万分，于是作了一首打油诗：“结婚给人看，无钱怎么办？借钱办喜事，办了喝稀饭。”

回去以后，陶行知开始在山海工学团提倡婚丧简办的新风尚。妹妹去世时，他坚持一切从简：“蔽以素衣，藏以松棺，祭以清水，哭以热泪，一切虚礼均废。”婶母去世，其子想要按照旧俗大办酒席。陶行知得知后马上写了一封书信，劝说道：“吾国婚丧喜庆，大率是做戏给人看，往往弄得破产。故婶母之丧，亦宜以穷人之礼奉治，虚礼可省即省。”几年之后，母亲曹氏不幸辞世，陶行知悲恸万分，但他仍然坚持“以穷人之礼治之”。事后，他将节省下来的钱款全都用在发展教育事业上。在陶行知与山海工学团师生的带动下，上海宝山一带的社会风气大为改观。

三、捧着一颗心来，不带半根草去

作为一名教育工作者，陶行知身上有着知识分子与生俱来的特质，那就是常怀忧国忧民之心，关心人民百姓疾苦。陶行知是热爱人民的，他将这份爱全部都投入到了教育救国中。

创办晓庄师范

1927 年 3 月，陶行知在南京郊外创办了著名的晓庄师范学校。为什么要创办晓庄师范学校呢？陶行知的四子陶城这样说：“因为他爱人类，所以他爱人类中最多数而最不幸的中华民族；因为他爱中华民族，所以他爱中华民族中最多数而最不幸的农民。”其实，早在建校之初陶行知就曾立过宏愿，决心“征集一百万位同志，筹集一百万元资金，创办一百万所学校，改造一百万个乡村，从而使得中华民族有一个伟大的新生命”。为此，他辞去了待遇优厚的大学工作，特意来到穷乡僻壤的小村庄，在这里开办了中国第一所乡村师范学校，为国家和人民培养了一大批优秀人才。

有一次，陶行知领到了一万多元稿费，拿回家中锁在柜子里。结果被妹妹看见了，问他："家里有老有小，钱也不多，能不能留四分之一给家里用?"陶行知想了想，温和地说："我要去南京劳山脚下办晓庄师范，这钱要作为办学的经费。我们家虽穷，粗茶淡饭还能维持。中国三亿四千万农民非但没有饭吃，更没有文化。用这钱去办学校，是为农民烧心香，是尽我们的绵薄之力去帮助他们。你们在家里省着点用，算是帮我去办大事吧!"

晓庄师范学校招生有个原则，即对于贫苦学生基本不收取费用。陶宏对此不能理解，便问父亲："学校为何大量招收穷苦学生？应该多招些富家子弟，这样可以赚取费用。"父亲耐心地对他讲："中国的穷人是哪些人呢？绝大部分还是老百姓，农民工人，流浪儿童呀！我们的学校是为穷人办的，那些家里富裕的，如果他们有办法进学校那也是可以的。况且，他们用不着我来想办法呀!"陶行知的这一办学理念使广大穷苦农民看到了生活的希望，因此他受到了全国人民的尊敬和爱戴。

夜宿牛棚

在选择晓庄师范学校校址时，陶行知考察了很多地方，结果都不如意。1927 年 2 月，还没来得及过完春节，他又下乡考察去了。下了公交车，陶行知徒步来到郊外的几个村子，边走边看，不时地拿出本子，在上面圈圈画画。一天下来，他几乎走遍了整个乡镇，一直到了傍晚才结束考察。这时天色已晚，公交车也已经停运，陶行知心想："看来只能在老乡家里借宿一宿了。”

不多时，他来到了几间草屋前。屋里灯光昏暗，一位中年农民正在修理农具。陶行知快步走上前去，客气地问道：“老哥，忙着呢？我是来这里办学校的，不知能不能在您家借住一夜？”“我们乡下人屋里脏得很。你是城里来的大先生，肯定住不惯的。”中年农民抬起头说。陶行知连忙回答：“老哥，不碍事。我也是农村里出来的，自小过惯了苦日子。”“我们家里只有牛棚还空着。”农民有些怀疑地看着他。“住牛棚就好！”陶行知欣然地说道。

这天夜里非常寒冷，外面漆黑一片，村里不时传来鞭炮声。没有被褥，他就和农民的孩子们挤在草堆里相互取暖。看着简陋的居所、可怜的孩童，陶行知不由得心中一阵悲凉。他自问道：“为何到了今日，中国的农村还是这般落后、这样贫穷呢？是农民思想保守，不重视文化教育的缘故呵。没有知识，农民终究无法改变其凄苦命运！”陶行知暗暗坚定信念，决心要为乡村同胞做一大事，让他们都能拥有获取幸福的能力。思绪越飘越远，睡意越来越沉。这天夜里，陶行知做了一个梦，在梦里他看到了中国乡村教育的光明前景。第二天清晨，陶行知轻轻掸去身上的柴草，迎着东方渐渐升起的朝阳，意气风发地吟道：“一闻牛粪诗百篇，风花雪月都变节。”

毁家纾难，枵腹从公

1940 年，香港工人举行了声势浩大的反汪运动。闻听消息后，陶行知立即寄去二十元钱和一封书信。他在信中写道：“我和夫人去年结婚前，商量着把婚礼钱节省下来做几件有意义的事情。现今我们夫妇二人奉上二十元钱，这不是请你们喝喜酒，只算得上请你们喝喜茶。我们的婚礼简单而又神圣，众人称作是‘游击婚礼’，我认为这很准确。现在，我们和你们光荣的斗争发生了一点小小的联系，也就可以算作‘反汪结婚’了。恭祝反汪胜利并致民族解放敬礼!”事实上，陶行知夫妇在用钱上十分节俭，但凡是有利于民族事业的活动，他们却从不吝啬，真可谓是“毁家纾难，枵腹从公”。

母亲在世时，陶行知在保险公司为她保了二十年的寿险。母亲去世后，孩子们也渐渐长大自立，这笔钱自然用不到了。经过再三考虑，陶行知将钱款全部提了出来，把他对母亲的爱和思念全都奉献给了人民群众。陶宏说，当时山海工学团需要经费，父亲就从这些钱款中拿出五百元，买了一架电影放映机；又拿出五百元买来一架发电机，供放映机使用，剩余的钱款也全都用来购买爱国题材类的影片了。后来，这两部机器辗转全国各地，开始了漫长的抗战之旅。据说，它们曾随着新安旅行团途经陕西、山西、湖北、湖南、广西等地，行程有上万公里，教育了数千万群众，为民族抗战增添了无穷的精神力量。

四、千教万教教人求真，千学万学学做真人

陶行知之所以能够成为影响几代中国人的教育家，不仅仅是因为他有着一颗赤忱的爱国之心，更重要的是因为他有着一套独特的教育理念。譬如，灵活教学、向人民学习、追求真理等，都是其教育思想的精髓所在。

喂鸡与教育

陶行知的阅读兴趣十分广泛，他对于东西方文学艺术、自然科学都有涉猎。陶宏说："父亲不是一个书呆子，他善于提高别人的学习兴趣，尊重他人的兴趣。"有一次，陶行知在武汉演讲。走上讲台时，只见他不慌不忙地从包里掏出一只大公鸡。台下的人都愣住了，不知他要做什么。接下来，他掏出一把米放在桌上，按住公鸡的头，强迫它吃米。可大公鸡性子倔强得很，只叫不吃。于是他掰开公鸡的嘴，把米硬塞进去，大公鸡拼命挣扎，还是不肯配合。这时候，陶行知松开双手，把鸡放在桌子上，自己后退了几步。大公鸡这才昂首挺胸，悠然地吃起米来。

接着，陶行知开始了演讲，他说："想必众位都看到了，你逼鸡吃米，或者把米硬塞到它的嘴里，它不肯吃。但是，如果你换一种轻松的方式，让它自由自在，它就会主动地自己去吃米。"说到一半，他扫视会场，加重了语气说道："我认为，教育就像喂鸡一样。先生强迫学生去学习，把知识硬灌给他，他是不情愿学的。即使学也是食而不化，过不了多久，他还是会把知识还给先生的。如果让他自由地学习，充分发挥他的主观能动性，那效果一定好得多！"一时间台下掌声雷动，大家都被他生动形象的演讲折服了。

1931 年，陶行知给陶宏寄来了一本电磁学的书，并在书上写着寄语："一二三，三二一，一二三四五六七，看谁争到真知识？"末尾附一句"与桃红（陶宏）做科学忘年竞赛题"。他说："近年来感到自然科学的重要性，可惜过去学得太少。但现在学习还来得及，我准备花二十年的时间弥补这方面的不足。”从这以后，他就经常埋头坐在实验室里，做化学、电磁实验。后来他又和丁柱中、史量才创办了自然学园，翻译科学书籍，编写出一套儿童科学读物。为了推广自然科学教育，陶行知还创办了儿童科学通信学校，并亲自参与天文学的指导。在此期间，他让陶宏参与进来，帮着绘制星图。在父亲的引导下，陶宏对自然科学产生了浓厚的兴趣。而这段学习经历对陶宏今后成功研制出我国第一代彩色胶卷，成为中国感光化学学科的奠基人和开创者，起了重要作用。

拜人民为师

一年夏天，陶行知要去山海工学团讲课，因为时间匆忙就雇了一辆人力车。正值中午，车夫在烈日下奔跑着，不一会儿就累得气喘吁吁，衣服全被汗水打湿了。陶行知于心不忍，就喊停了车子。他跳下车，对车夫说：“我不坐了，你坐上去休息一下，我来拉你。”车夫疑惑地摇摇头，以为他不想给钱，于是气恼地说：“我看你像个文人，干不来这活的。”陶行知毫不介意，笑着解释起来：“我是一个教书匠，还从来没有拉过车，今天想试试。车钱我照付。”车夫争执不过，就把车子交给了他。路程不算太远，但到达终点时陶行知早已累得虚脱了。陶行知一边擦着汗水，一边拿出车费递给车夫，真诚地说：“谢谢你，让我有机会拉一次车。今天你是我的老师!”车夫很受感动，连忙致谢。

陶宏从小就聪明伶俐，然而身上却有着眼高手低的坏毛病。为了培养他谦虚务实的习惯，陶行知便写信问他愿不愿意暑假去泰山，帮人看管大象。他在信中一再强调，别小瞧这份工作，看管大象也是一门学问，比如要了解大象的习性，学会给大象洗澡等等。陶行知告诉陶宏，要抱着一个学习的心理去，多向大象管理员虚心请教，同时还要学会料理自己的生活。收到来信后，陶宏自然非常高兴，终于有机会近距离接触大象了！他向父亲作出保证，绝对会认真向管理员学习，拜管理员为师。一个月后，陶宏结束了动物园的生活。通过这个暑期的锻炼，他懂得了如何照顾自己和动物，更重要的是改掉了许多难以克服的坏习惯，学会了向他人学习。

一封书信

陶行知平时工作繁忙，很少照顾孩子。但是每当孩子碰到困难时，他都会采取最合适的方式与他们沟通。1936年5月，全国各界救国联合会在上海成立，陶行知被推举为执行委员之一。同年7月，陶行知赴伦敦参加世界新教育会议；9月赴日内瓦参加世界青年和平大会，之后转到布鲁塞尔参与世界和平大会。为宣传抗日救亡主张，陶行知马不停蹄，奔波了半年之久，终于在美国病倒了。同行人员说，陶先生病得很严重，身体异常虚弱，连起床喝口水都很困难。

住院期间，陶行知收到儿子晓光来信。来信内容非常简单，短短几行字中竟然写着："孤独、孤独、孤独！"陶行知非常疑惑，他思索着："之前性格活泼、阳光开朗的晓光哪里去了？"突然间，他找到了问题所在："晓光正处于心智趋向成熟的阶段，在这个时候，他非常需要来自父亲的积极引导和安慰。"一想到这里，他就如坐针毡，忍着病痛立即回信："你的人生太悲观，应当改正过来。世界上一切困难都要用冷静的头脑去克服，忧愁伤心是双倍的牺牲，于事无补。你们不是孤零零的孩子。你们的周围有着几百、几千、无数的孩子，都是你们的朋友，你们的同伴，你们的服务对象。从家庭的世界里把自己拔出来，投入到大的社会里去，你不久就会乐观、高兴，觉得生活有意义。"

在信中，陶行知还鼓励晓光关心劳苦大众，他说："民族解放的大道理要彻底明白，遇患难要帮助别人，勇敢的活才是美的活，勇敢的死才是美的死。你在无线电方面已有了一定的基础，希望你在这方面能精益求精，到最需要的地方，最有组织的地方，最信仰民为贵的地方去作最有效的贡献。"父亲的回信就像黑暗中的一盏灯，指引着晓光去追求积极、乐观的生活。

追求真理做真人

1932 年，晓庄师范学校遭到国民党查封，师范附属小学也被迫停课。为了继续读书，附小的孩子们自发办起了学校，请成绩好的学生当老师，就连行政和后勤工作也由学生担任。整个学校秩序井然，充满朝气。得知这一消息后，陶行知特意写了一首诗鼓励他们："有个学校真奇怪，大孩自动教小孩；七十二行皆先生，先生不在学生在。"能得到陶先生的表扬，孩子们都很兴奋。

不过，这首诗却惹得一个八九岁的小男孩不高兴了。他找到陶行知，当面提出不同意见："难道小孩就不能教大孩吗？我们学校里，就有年纪小的成绩好，做年纪大的同学的老师。若是像您写的只有'大孩自动教小孩'，是不对的。”听到这里，陶行知意识到了自己的错误，于是立刻检讨说：“小老师，你批评的对，我现在就改。”说完，他迅速把“大”改为了“小”，成了“小孩自动教小孩”。然后陶行知又笑眯眯地问他：“这样改行不行呵?”小男孩噗嗤一声笑了出来：“先生改得真快真好!”

1940年夏季，晓光来到成都一家无线电修造厂工作。后厂方要求检查资格证明，这下可让晓光为难了。晓光没有正规学历，不能进厂工作，于是写信请人寄来一份毕业证明。这件事被陶行知知道了，他立即发来电报要求把证明寄回，接着又发来了一封快信，写道：“我们必须坚持‘宁为真白丁，不做假秀才’之原则才行。倘使这样真实的证明不合用，宁可自己出钱，不拿薪水，帮助国家工作，同时从尚达弟及各位学术专家学习。万一竟因证明不合传统，而连这样的工作学习亦被取消，那么，你还是回到重庆，这里有金大电机工程，也许可去。总之，‘追求真理做真人’，决不向虚伪的社会学习或妥协。你记得这七个字，终身受用无穷，望你必须努力朝这方面修养，方是真学问。”信中附有陶行知手写的证明信，反映晓光的真实学历。

“追求真理做真人”，不仅体现了陶行知的教育思想，也指明了孩子们工作、学习和待人处世的总方向。自此以后，这充满哲理的七个字就成为陶家的治家格言。

延伸阅读

[1] 唐澜波：《平民教育家：陶行知》，武汉大学出版社2012年版。

[2] 周洪宇：《陶行知画传》，山东教育出版社2011年版。

[3] 王一心：《最后的圣人：陶行知》，团结出版社2010年版。

勤俭持家　心忧天下：陈鹤琴好家风

陈鹤琴（1892—1982），浙江上虞县人，中国著名儿童教育家、心理学家。1914年，清华大学毕业后考获了公费留学名额，并于同年赴美国约翰·霍普金斯大学学习教育专业。1917年考入哥伦比亚大学师范学院，不久转读心理系攻读博士。1919年回国后在南京高等师范学校任教，1923年兼任东南大学教务处主任，与友人一起创办了著名的“鼓楼幼稚园”。他毕生从事儿童教育事业，著述丰厚，有关儿童教育的论述长达300多万字。他开创了中国幼儿教育研究与实践的完整体系，提出了“活教育”理论，被誉为“中国现代儿童教育之父”。

陈鹤琴是中国近代著名的儿童教育家，他热爱儿童教育事业，并为此奉献了毕生精力。在他的努力之下，中国的儿童教育取得了极大进展。同时，陈鹤琴注重德操品行，他继承培育了勤俭忠厚、热爱人民、尊重他人的良好家风。在他的影响和带动之下，孩子们也都成为了受人尊敬的社会主义劳动者。

一、勤俭起家、忠厚豁达的祖辈

从祖辈起，勤俭忠厚就是陈鹤琴家风的突出特征。在历史的变迁中，这种优良家风不仅没有随之消褪，反而在点点滴滴的生活细节和言传身教中焕发出新的生机。

勤俭忠厚的正表公

陈鹤琴的祖上生活在浙江上虞沥海所，以农耕为生。他本人曾说："我们的上代祖宗最近的要算万经公了。"这位万经公生活于十八世纪晚期，清朝乾隆皇帝年间。陈万经是一位勤劳本分、诚实忠厚的农民，生有五个儿子，经常被邻里笑称为"五子登科"。前四个儿子每天日出而作，日落而息，只有小儿子不太"安分守己"。种了几年田地之后，小儿子觉得甚是无趣，就独自一人来到百官镇谋生了。这个年纪还不满 20 周岁的青年，就是陈鹤琴先生的直系先祖——正表公。

自古有云："青春须早为，岂能长少年。"别看正表公年纪小，却有着做生意的天赋，而这种天赋源自他对生活的细心观察。在选址时，他首先选择了南通北往、交通发达的百官镇，并将这里作为建立事业的基础。其次，为了网罗客户、吸纳客源，他竭力保证小店所售商品质优价良、种类齐全，像什么淘箩洗帚、粪桶扫箕、竹管竹凳等日常用的器材农具，小店里一应俱全。

不过，最重要的还是正表公为人慷慨、讲究信誉，既不以次充好，也不以假乱真，故而在当地有着很好的口碑。另外，他生性克勤克俭、踏实能干，每天兢兢业业地经营生意。有时为了节省开销，他每天只做一小罐米饭，到了吃饭时就盛出来一些，吃完以后再盖上，留着下顿接着再吃。就这样，在他的精心打理下，小店的生意越来越红火了。

多年以后，陈鹤琴在传记中写道："我们的祖宗正表公着实值得我们钦佩呢！他开辟事业和刻苦耐劳的那种精神，都深深地注入陈氏子孙的血液里，一直遗传到我们的身上。我们可以用八个大字，永永远远来纪念他呢：'勤俭起家，忠厚传代。'"正表公的精神是一种信念和传承，薪火相传，给后人留下了奋斗不息的典范。

豁达乐观的光浩公

经媒人说合，正表公与戴氏结为夫妻，育有二子，分别是长子大鸣，次子大成。其中，大鸣就是陈鹤琴的曾祖父。大鸣性格淳良、待人诚恳，成年之后继承了正表公的家业。在四十多岁的时候，大鸣公才得一男孩，取名光浩，即为陈鹤琴的祖父。陈光浩为人正直、嫉恶如仇，没有什么不良嗜好，"嫖赌固然不来，烟酒也不沾染"。

成家以后，光浩公一直都没有孩子，便请算命先生卜卦。卦象显示他们命中该有此劫，今后要多行善事。从这以后，夫妇二人就做起了公益事业，热心地帮助他人，不图回报。这年冬天，天气异常寒冷，鹅毛似的雪花在寒风中飞舞。在距离陈家店铺不远的街角处，一名衣衫褴褛的女子正在沿街乞讨，非常可怜。这一幕恰好被打理生意的陈夫人见到。陈夫人立即把她请进店内，将自己的袜套脱下来给她穿上，并用热汤和饼子来招待她。

女乞丐非常感动，连忙说些“好人”“上天保佑”之类的话。等天气晴朗了，夫妇二人又拿了些盘缠和几件干净衣物赠予女子，劝她注意保重身体。说来也怪，女乞丐走后不久陈夫人就有了身孕，又过几个月小松年出生了。或许这就是“好人有好报”吧！谈起这段往事，陈鹤琴不无感慨地说：“祖父祖母这种乐善好施、‘己饥己溺’的精神，虽然是为求子而积德，但是对社会确有很大的益处呢！”

光浩公天性乐观豁达，即使在面对挫折的时候也毫不畏惧。清朝道光年间，广西发生了太平军运动。太平军一路作战，不到几年的时间就占领了江浙一带。随着战事吃紧，太平军兵员枯竭，附近的青壮年全被送入军营，光浩公也难逃厄运。

有一次，他寻找机会逃走，不料被太平军发现，身中数刀，差点一命呜呼。幸运的是，他被村民救治过来，经过几个月的调养总算保住了性命。光浩公一心念着家中的妻儿，来不及伤病痊愈就偷偷潜回家中。太平军来得快去得也快，没过多久百官镇又恢复了往日的平静。站在被焚烧殆尽的店铺前，光浩公心中丝毫没有灰心沮丧之意。经过一番筹划，他在货店旧址上盖了几间茅草房子，置办一批货物，搞了一个简单的仪式，算是重新开业了。不久，店铺生意恢复了往日兴隆的景象。眼看生活重回正轨，身体也好了起来，光浩公对生活充满了信心。

二、勇敢坚强、勤俭持家的慈母

陈鹤琴身上散发着一股独特的魅力，在温和谦逊和慷慨大方的外表下，有着毫无动摇的原则以及节俭朴素的品质。事实上，他的这种魅力与他的母亲有着极为密切的关系。

勇敢坚强的母亲

光绪十八年二月初七，陈鹤琴在浙江上虞县百官镇茅家弄的一间住宅里降生了。据邻居们说，陈鹤琴出生时母亲张氏吃了很多苦。这天夜里，北风肆虐，天气格外的寒冷。正在休息的张氏突然感到一阵腹痛，她意识到这是即将临盆的征兆。可是，当时天色已晚，身边既没人照顾，也没有人去请接生婆来，这可怎么办呢？

张氏非常勇敢，真能吃苦，只见她顶着凛冽的寒风，拖着沉重的身子慢慢地来到厨房。烧开水，拿脚桶，摆好新生儿的衣服、尿布，一切事宜做完以后，她早已经痛得要昏厥过去。“不能在厨房待着！”张氏咬紧牙关，一点一点地挪移着身子来到楼上，在床上休息一会儿。等力气稍微恢复了一些，她才忍着剧痛将婴儿生了下来，随即晕倒过去。等醒来看到孩子安然无恙时，张氏终于松了一口气。过了一会儿，邻居家的兰娘也赶到了。兰娘先是用温水给婴儿洗了澡，穿上衣服，然后把孩子轻轻地放在了张氏身旁。

后来，兰娘经常对陈鹤琴说：“你的娘亲真了不起，竟能独自一人就把你降生了！你要多孝顺她……”陈鹤琴曾在一篇文章中这样写道：“我自幼身体强健，从未生过什么病，就连伤风发热这种小毛病也不大有的。当时家里贫穷，是没有牛奶吃的，吃的奶完全是母亲的‘血奶’。我吃到了3岁多，后来就变成了一个白白胖胖的小孩子。”母亲之爱子，大抵都是这样吧！

在陈鹤琴刚刚6岁时，他就失去了父亲。从这以后，他就跟随母亲张氏过着清贫的生活。母亲是个缠足的传统女性，虽然文化水平不高，但她的道德品行却让陈鹤琴终身感怀。在那个动荡不安的年代，老百姓们的生活实在艰难，更不用说孤儿寡母了。即便如此，张氏也依然乐观地看待生活。她经常告诉自己：“我还有四个儿子，总要几个有出息的。”陈鹤琴说：“母亲常常会对我们讲‘三四兄弟一条心，遍地灰尘变黄金；三四兄弟各条心，家有黄金化灰尘’。‘吃得苦中苦，方为人上人’。”此外，张氏还时常教育孩子们：“吃亏就是便宜”；“讨人便宜，人便不高兴”；“在家靠父母，在外靠朋友”。跟所有家长一样，张氏希望孩子们学习真本领，长大后出人头地。因此，即便吃再多的苦，她也愿意。

勤俭持家的慈母

丈夫病逝以后，店铺的生意每况愈下。加上债台高筑，入不敷出，张氏和孩子们就靠置卖田地为生。考虑到孩子们在长身体，张氏就偶尔买些鸡蛋给孩子们吃。有时候，她看孩子们太苦了，就想着法地给他们换换口味。比如买两根油条，拿在豆腐汁里沾一沾，这就算是改善伙食了。陈鹤琴说："那时候没钱买菜，白饭又不容易下咽，母亲就制作了麻油盐。还常常对我们说：'麻油调盐，是很好吃的，又咸又油，着实过饭！'"虽然生活过得艰辛，但一家人相爱相亲，其乐融融。

在陈鹤琴 6 岁到 14 岁的八年间，是他们一家人生活最为艰难的时期。由于世事动乱，民不聊生，一家人既无稳定的收入来源，又无亲戚朋友帮助，张氏只得做起了洗衣服的零工，赚几个菜钱。洗衣服可以挣多少钱呢？少得可怜！一双袜子五文钱，一件短衫十文钱，一件长衫二十文钱。按照一天可洗三十件来算，每天收入不过三百文钱，而这才刚好抵上一家人的伙食开销。

在当时，洗衣服的方式还很落后。每次洗衣服前，人们通常要在衣服上涂抹皂荚（皂树的果子），浸泡一会儿，再一把一把地搓洗。每当母亲搓完衣服，陈鹤琴都会跑过来帮忙。他把衣服挑到离家约二百米远的池塘边，把衣服放在石板上用脚踩踏。踏过以后，再挑回家里让母亲用清水洗净。整个过程既耗费时间，又特别考验人的体力。冬天的衣服较为厚重，有时候踏一次不够，还要踏两次。尽管当时陈鹤琴的个子不高，不过身体却很结实，能像大人一样挑起二十斤重的担子。

一天下来，张氏累得双臂发沉、腰酸背痛，哪里还有力气去做其他事情。有时候实在是太累了，来不及吃晚饭她就早早地躺着休息了。第二天早上，又是如此。就这样，日复一日，年复一年，张氏凭借着勤俭慈爱的坚韧，给孩子们撑起了一把大伞，为他们遮挡风雨。

三、孩子们心中的好父亲

在家庭教育中，陈鹤琴常常扮演着孩子们的贴心朋友。在他看来，只有首先成为了孩子们的玩伴，懂得他们内心真实的想法，家庭教育才会起到事半功倍的作用。

向劳动人民学习

在陈鹤琴看来，家庭教育的核心是教育孩子如何做人。在孩子们很小的时候，陈鹤琴就经常教育他们：做人要懂得谦让，要学会时刻关心别人、帮助别人，还要多向别人请教学习。抗战期间，为了躲避汪伪政权的暗杀，陈鹤琴只身一人逃亡江西。1940 年初，陈鹤琴在师生们的帮助下开荒筑路，编帘搭屋，终于在江西泰和县大岑山创办了我国第一所公立幼稚师范学校。建校期间，陈鹤琴不辞劳苦，多次上山勘察。他常常独自一人在晚上进山，仰望繁星明月，耳听山泉松涛，心系家国前途。待到心情舒缓之时，陈鹤琴不由得吟诗道："青山无垢尘，松涛响断魂。天上唯一月，此间唯一人。"

不久，夫人和孩子们成功穿越敌占区，最终平安抵达江西。一行人来到山脚下，住进了由陈鹤琴亲自设计的一所砖木结构的新房子。说是房子，其实还只是个雏形：墙壁上的砖块裸露在外，尚未粉刷。陈鹤琴指着一间房子，笑着对孩子们说："一飞、一心，你们兄弟俩今夜先住在这里，明日我们去找个师傅一起来改造它。好吗?"看到他们二人心有不悦，陈鹤琴就试着开导他们说：“妹妹还小，先跟妈妈住。你们两个是小男子汉，应该照顾妹妹和妈妈，对吗？而且，我告诉你们一个秘密，睡在这里，晚上可以看到很多星星哟！”最终两兄弟开心地接受了父亲的安排。

第二天，陈鹤琴果真请来了一位泥瓦匠师傅。他认真地对孩子们说：“这位先生以后就是你们的老师了，现在请他给你们上第一课，你们要认真学习。”从这以后，一飞和一心常常跟在老师傅的身后，有板有眼地做起了学徒。虽然每次身上都弄得脏兮兮的，可是父亲不仅不批评他们，还很高兴，夸赞他们做得好。墙壁粉刷完毕，陈鹤琴又请来了一位木匠师傅，让一飞、一心跟着学习打造桌凳。对于秀霞、秀瑛，陈鹤琴同样鼓励她们拜当地的农民为师，学习一些编草帘、打草鞋的手艺。没过多久，孩子们就适应了农村的生活环境，跟劳动人民的孩子们有说有笑，打成了一片。

一个星期之后，新房子终于竣工了。为了庆祝这件喜事，陈鹤琴特地找来大号毛笔认真写下“手足胼胝劳工神圣，泥工木工皆为良师”，让孩子们贴在大门上。接着，他对孩子们解释道：“农民、工人的心地是纯朴善良的，可是他们生活得却并不好，因此值得我们尊敬。我们的衣食住行样样离不开他们，否则我们就会吃不上饭，没有房子居住。”孩子们一边听着父亲的讲解，一边体会着这段时间以来自己的进步，大家一致赞同父亲的观点。

多年以后，陈一飞满怀深情地说：“我感觉到，父亲要我们多参加劳动实践，不要什么都坐享其成，这对我们的成长起了重要的作用，由此我们才逐渐懂得了如何团结人、尊重人和帮助人。”通过这段生活经历，孩子们懂得了劳动人民的艰辛，并从劳动人民那里学会了纯朴善良、待人真诚的品质。

跟孩子做知心朋友

陈鹤琴认为，要想了解孩子们的内心世界，就得跟他们打成一片，跟他们做知心朋友。工作闲暇之余，陈鹤琴会带着孩子们跑步、打网球，以此来锻炼身体。每逢节假日，他还会领着一家人去电影院看电影，陪着孩子们一起啃烧饼。春天来了，他忙里偷闲，带领孩子们去田野里摘花，放风筝。到了冬天，南方的天气跟北方一样寒冷，有时也会落下鹅毛大雪，整个世界白茫茫一片，非常好看。到了这个时候，陈鹤琴就会带孩子们到庭院里堆起各式各样的雪人，带领孩子们打雪仗。

孩子们最喜欢的季节当属夏季了。每天午后，陈鹤琴都会带着孩子们在树林里捉蝉，去草丛里逮蚱蜢，到溪水边摸鱼虾。有时他还要教孩子们学游泳，训练孩子们的水性。这个时候，陈鹤琴就会忘了自己的身份，成了孩子们的王。陈秀云说，有一次大家比赛游泳，父亲不小心用力过猛，结果扭了脖子。等不及脖子恢复利索，父亲就歪着头来到学校工作了。路上遇到同事，就有人问他发生了何事，而他却笑笑不说话，一点也没有觉得尴尬。

与小孩子交流有时是很难的，不过这个难题可难不倒陈鹤琴。陈鹤琴常说，不要小看孩子们，他们自尊心很强，所以要理解和尊重他们的想法。比如，在面对孩子的要求时，家长不能一味拒绝，而应该跟他们进行朋友般的交流，了解他们最真实的想法。很多时候，小朋友索要东西只是用来引起父母关心的一种方式而已。所以只要孩子们的要求不算过分，家长都应该尽力去满足。陈鹤琴不只是这样说，也是如此做的。在孩子们成长的过程中，陈鹤琴对于他们的合理要求从不拒绝。凡是孩子们喜欢的而且有益的东西，他都会想尽办法达成他们的心愿。

有一次，城里举行集会。在孩子们的央求下，陈鹤琴放下手头的工作，带着他们出来感受节日的氛围。集会上有各式各样的民俗活动，玩杂技的、舞狮的、唱戏的、玩魔术的，好不热闹。陈鹤琴和孩子们边走边看，不多时来到了一处表演杂耍的地方。这里热闹非凡，里三层外三层地围了很多人，里面不时传来一阵阵叫好声。一飞和一鸣几人很好奇，无奈年纪太小看不清楚，急得抓耳挠腮。这时候父亲就把他们轮流抱起，放在肩头观看。

回到家中，陈鹤琴问孩子们最喜欢什么表演。只见孩子们你一言我一语，叽叽喳喳地争论不休。面红耳赤之后，他们最终统一了意见，异口同声地回答："踩高跷最有意思!"当问孩子们的理由时，有人说"踩高跷让人看得很远"，还有的说"踩高跷长得高"。听完他们的理由，陈鹤琴乐地合不拢嘴。接着，孩子们要求父亲给他们弄来一些玩耍。对于孩子们的要求，陈鹤琴欣然允诺。于是他二话不说，立即找来工具，动手给每个孩子做了一副高跷。

教育孩子学做人

在谈起家庭教育时，陈秀霞曾饱含深情地说："父亲在教育我们时，总是采取循循善诱、启发诱导的方法。平时他让我们做什么事情，都是要‘请’字当头，如：‘秀霞，请你把苹果分一下。’‘一鸣，家里有客人，请把家里的水果拿出来，好吗?’每当家里有人生病了，父亲进出房屋时都会踮着脚，轻轻地开合房门，唯恐惊着了病人。”她还说，自己小时候很活泼也很聪明，很招人喜爱，不过身上也有一个缺点，那就是很少替别人着想。

有一天中午，陈秀霞睡醒后走出卧室，用力地把房门给带上了。结果嘭地一声把父亲给惊醒了。陈鹤琴这时才刚刚睡下，下午还有重要的会议要参加，因此心中多少有些愠意。不过他并未发怒，而是转念一想：“不能责怪孩子，应该趁此机会教她学会尊重别人!”只见他轻轻地走出房间，对正在玩耍的秀霞说：“你关门这样响，弟弟们正在睡觉，会不会惊动他们呢?”接着，他跟秀霞讲为什么大家都喜欢有礼貌的小朋友，怎样做有礼貌的人。被父亲这样一番点拨，陈秀霞马上意识到了错误。她表示说，今后决心做一个有礼貌、受人喜爱的小朋友。从这以后，秀霞开始努力改正缺点，在学校尊重老师、帮助同学，在家里照顾弟弟、妹妹。后来大家称赞她有礼貌，都愿意跟她做朋友。看到女儿的变化，陈鹤琴也非常高兴。

通过细心地观察总结，陈鹤琴认为可爱的孩子应当是有礼貌的。而要使小孩变得有礼貌，就必须教他们掌握“三把黄金钥匙”：“当自己受到人家帮助或接受了别人的好意时，要学会说‘谢谢’；当自己对别人做了一件不太好的事情或有碍于别人时，要说‘对不起’，而且打招呼要快；当有求于别人时要会说‘请’。把握这三把黄金钥匙，就会到处受人欢迎。”陈鹤琴还经常对孩子们说：“嘴巴甜，有人缘。”为了培养孩子们懂礼貌的好习惯，陈鹤琴会抓住一切看似很小的机会教育他们。

一天早晨，陈秀云见了爸爸，却没有喊“爸爸早”。陈鹤琴就弯下腰来，笑眯眯地对她说：“小妹妹，早！”秀云听了，连忙回应：“爸爸，早！”事后，陈鹤琴就这件事情谈了自己的想法。他说，小孩子有很强的模仿能力，对孩子进行礼貌教育不一定非要讲大道理。相反，家长们的言谈举止才是最好的“教材”。就像上面这种情况，如果自己不主动说“小妹妹，早”，而是责问她“小妹妹，你为什么不说早”，她若是个“鬼灵精”，就会反问一句：“爸爸，你为什么不说早？”这样一来，礼貌教育就会大打折扣了。

陈鹤琴虽然很疼爱孩子，但绝对不是溺爱、娇惯他们。陈一心说，父亲有时很严厉，但并不是打骂和训斥，而是耐心地讲道理，给他们树立榜样。有一次吃饭时，陈一心想要出去玩耍。因为太着急，结果将很多米粒掉在了地上。陈鹤琴看到后，没有责怪一心，而是默默地把米粒捡起来，洗干净，再放到自己的碗里，吃了起来。一心自觉惭愧，就安静地坐了下来，把剩下的米饭全吃完了。事后，陈鹤琴语重心长地跟一心讲农民伯伯的辛苦，他说：“我们要牢记古训，珍惜每一粒粮食。”父亲的话让陈一心很受教育，连忙保证以后再也不浪费粮食了。

四、心忧天下择教育事业

1914 年，成绩优异的陈鹤琴获得了留美公学名额。抵达美国以后，在专业选择上他面临着两难的境地：究竟是从事医学，以治病救人为主，还是专攻教育，为教育事业奉献青春呢？在纠结了大半年的时间后，他庄重地填下了自己的志愿。陈鹤琴说："究竟我的志向是什么？我的志向是为个人生活吗？决不！是为一家的生活吗？也决不！我的志向是为人类服务，为国家尽瘁。""医生不是可以为人类服务，为国家尽瘁吗？""是的，但医生是医病的。我是要医人的，医生是与病人为伍的。我喜欢儿童，儿童也是喜欢我的。我还是学教育，回去教他们好。"陈鹤琴认为，要挽救积贫积弱的旧中国，首先就要从教育抓起，尤其是要搞好儿童教育。经过反复思考，多次权衡，陈鹤琴最终选择了教育专业，并从此坚定了要为祖国的教育事业奉献终生的决心。

1937 年，八一三事变以后，日本帝国主义占领了淞沪地区。受到战争影响，上海有大批儿童流离失所，全沪的教育工作也几近停滞。然而在此民族危亡之际，陈鹤琴始终坚持教育救国，不改初心。在负责上海国际救济会和上海国际红十字会教育委员会之际，他利用自身的声望和合法身份开展抗日救亡活动，把全部心血都投入到了难民教育之中。1937 年，陈鹤琴公开发表《上海的难民教育》一文，他大声疾呼："现在难民的情形实在是为难民服务和谋幸福的良好机会。在人口密集的收容所里，整千整万的难民预备受教育。有了教育，这些儿童将长成为国家有用的公民。有了教育，各收容所的难民会变成有益于社会的人们。"

在战争年代，首先要解决的是温饱问题。没有温饱，何来教育呢？陈鹤琴广泛地发动群众，举办了诸如生产自救和技术培训，开展像印刷、制袜、缝纫、编织、制造儿童玩具和木器等活动。这些活动对于筹措救济经费，改善难民生活起到了积极作用。谈起这段往事，陈一心清晰如初。他说，难民教育首先是从自己家里开始的。“我记得在家里的客堂间，办过一个街童识字班。父亲把附近失学而流浪街头的儿童组织起来，大约有十几个孩子，来家里学习认字。父亲让我的三个姐姐当‘小先生’，去教孩子们识字、唱歌。”那时候一心还很小，家里只有一块黑板。黑板位置很高，于是一心搬一个小凳子，踩着凳子在黑板上面画画。中国的儿童教育在这狭小的房子里“茁壮成长”起来。

还有一件事情让陈一心印象深刻。一天傍晚，父亲带回一位受伤的车夫。父亲让他坐在椅子上，亲自动手给他医治。一个人忙不过来，他就喊孩子们过来帮忙。大家从未见过这般惨状，一时间惊慌失措。经过父亲的一番鼓励，孩子们这才克服了心中的恐惧，七手八脚地忙了起来，拿药棉、药水，更换清水、血衣，包扎。包扎完毕以后，父亲请车夫留在家里吃了晚饭，关切地询问起他的工作和家庭情况。临走之际，父亲将一双新鞋送给车夫。这件事对子女们影响很深。陈一心说，父亲有一种大爱精神、博爱思想，在国家破碎之时，他依然立志于利国利民的事业，关心民生疾苦，着眼于民族和国家的未来，他的这种行动影响了孩子们的一生。正是在这种正面教育的影响下，陈鹤琴的子女们都成为了关心国家前途命运的人，为国家和人民的事业奉献了自己的一生。

延伸阅读

［1］陈秀云编：《我所知道的陈鹤琴》，金城出版社2012年版。

［2］鲁黎：《一切为儿童：中国幼教先驱陈鹤琴的故事》，湖北教育出版社2012年版。

［3］柯小卫：《陈鹤琴传》，江苏教育出版社2008年版。

守正不阿　砥节奉公：陈序经好家风

陈序经（1903—1967），字怀民，广东省文昌县（今海南省）人。中国近代著名教育家、历史学家、社会学家。曾就读于复旦大学，后赴美国伊利诺斯大学攻读硕士和博士，1928年学成回国。曾执教于岭南大学，后任西南联合大学法商学院院长、岭南大学校长、中山大学副校长、南开大学副校长。1967年2月，突发心肌梗塞，不幸逝世。1967年2月，陈序经突发心肌梗塞，不幸逝世。1979年5月，天津市委、南开大学高度称赞了他为中国教育事业奉献终生的崇高精神。

陈序经是中国著名的教育家，他在长期的教育实践中做出了极大贡献，在一定程度上影响了中国教育和文化理论的发展。更重要的是，他注重品行修养，继承并培育出了正直豁达、勤奋求知和互敬互爱的良好家风。他的后人在良好家风的影响下，也都养成了德行优秀、乐于奉献的品质。

一、德勤孝义传家宝，和善信诚处世风

优良的家风对于人的成长非常重要，它在人生的不同阶段都扮演着十分重要的角色。陈家先辈们身上所具有的德、勤、孝、义等品质，经过岁月沉淀逐渐成为家风家训，这对于后人的成长具有极大裨益。

祖母的故事

陈序经祖父陈运彰去世后，家里失去了经济来源，祖母祝氏就靠织网养活自己和儿子。别看祝氏文化程度不高，身上却有着海南儿女淳朴节俭的优良品质。每天早上开市前，她挑着担子来到几公里外的坊市。扁担的一端放着渔网和椰子，另一端放着儿子继美（陈序经的父亲）。东西卖掉之后，祝氏会买些柴米油盐。寒来暑往，一年四季都是如此。每天天不亮他们就出发，饿了就吃随身携带的干粮，渴了就去街边讨口水喝。有时候生意不好，他们就要等到傍晚才能回去。为了补贴家用，祝氏还会养些家禽牲畜。至于猪肉，只有在春节时她才会买一些，算是犒劳这一年的辛苦。

陈继美长大后外出做工，经常往家里寄钱。虽说生活条件日渐改善，但祝氏依然保持节俭的作风，从不舍得购置新的衣服、家具。有一次，为了方便母亲生火做饭，孝顺的继美就购买了一些火柴和煤油放在家里。等陈继美回到家中时，他发现火柴盒、煤油灯里竟然还是满满的。原来是祝氏觉得这样太浪费了，就小心地将它们保存起来，留着作为备用。

有一年，陈继美在城里的一家商铺里当学徒。春节期间，店里闲来无事，他跟一位店员玩起了赌博。哪曾想他运气不济，输掉了一年的工资，吓得他一连好几天都不敢回家。后来这件事情被母亲知道了，母亲不仅没有打骂他，反而替他把钱还给了那位店员。那位店员和陈继美自觉惭愧，立誓以后再不涉赌。多年以后，祖母跟陈序经谈起这件往事，她笑着说："我把全部积蓄拿来还钱，虽然觉得心痛，但是你父亲后来再也没有沾染赌博，这也是因祸得福吧！"为了赞扬祖母勤俭持家的优良品格，陈序经特意在《父亲》一文中讲述了这段故事。他说，之所以要记下祖母的故事，就是为了将这份家风家训传给后人学习。

正直勇敢的父亲

陈继美，字玉庭，品行温润如玉，故亲友多称他"继美玉"。刚满12岁时，陈继美就由亲戚介绍来到陈家市当学徒，做搬运货物、打扫房屋之类的工作。别看他年纪小，身板弱，可干起工作来却相当卖力。有一次，店里搬运货物，他不小心摔倒在地。当时还没有什么症状，只是擦破一点皮肉而已。然而，等回到家时摔伤就变得严重起来。

母亲想去找店家讨要说法，却遭到了继美的极力反对。他劝慰母亲说："这是我不小心造成的，与店家无关。"这件事传到了店主那里，店主被他的正直担当所打动，决定开始教他经商。

几年后，陈继美自立门户，乘商船往返于越南、马来西亚等地。据陈序经回忆，在海上贸易时难免会碰上海盗，有时双方还会发生激烈交火。幸运的是，父亲胆大心细、遇事冷静，每次都是转危为安。有一次，在去新加坡的途中，商船遭遇海盗。当时众人正在吃饭，闻听海盗偷袭商船后顿时慌成一团，不知所措。在这个时候，只有父亲还在吃饭。吃完以后，他站起身拿出长枪与敌人展开周旋。他的镇定自若使众人受到鼓舞，大家迅速拿起武器加入战斗，最终击退了海盗。事后众人皆称赞他勇敢无畏，而陈继美却淡然笑道："吃了饭才能有力气，这样才好与他们周旋。"

君子不爱财

古语有云："君子爱财，取之有道，视之有度，用之有节。"有修养的人虽然喜欢钱财，但是得到它却有原则，重视它但有限度，使用它但有节制。陈继美就是这样的谦谦君子，他不贪财、不吝啬，从未与人在钱财上发生过龃龉。如果有人问他借钱，他既不让人写欠条，也不要求用东西作典押。对于这一举动，小序经不是很理解，这时父亲就会耐心地解释："我生来一文没有，能做到有人向我借钱是荣幸的事。至于还不还，就不必去操心了。"为了不让小序经过早接触金钱，父亲从不在他的面前谈论生意。

有一次，陈序经跟同学聊起了家庭情况。同学突然很惊讶地说："我知道他！你的父亲是个伟大的种植家，在槟榔屿有座大橡胶园！"陈序经非常疑惑，因为父亲从未跟他说起过这件事。直到他在美国留学期间，从父亲的电报中才弄明白事情的原委。原来，父亲的确有一座很大的橡胶园林，不过橡胶园原本的主人是陈序经的堂兄。由于堂兄经营不善，连年亏损，这才把它转卖给了父亲。经过父亲十年的精心打理，庄园的生意日渐红火，总价值翻了数倍。

当时，陈序经的父亲在电报中说，不久前序经的堂兄因病逝世，留下一对孤儿寡母，非常可怜。于是他准备把庄园还给他们，不过事先想要征询序经的意见。陈序经立刻回电——"交回"。收到电报后，陈继美非常赞赏儿子的态度。接着，他非常自豪地向亲朋宣告："我很高兴，因为我儿子不贪财。"陈继美去世后，曾有人在挽联中评价他的一生，赞曰："海外数商才，屈指惟公财善散；国中几博士，阳明有子目应瞑。"

二、勤能补拙是良训，一分辛苦一分才

读书和学习从来没有捷径，惟有勤奋和坚持才能不断精进。在陈序经的一生中，读书和学习是他从未间断的事情，而且正是由于这份勤奋与坚持，才使他成为著作等身且受人敬重的教育家。

路漫漫其修远兮

不满 4 岁时，小序经就开始接受教育了。开学第一天，

先生教他读“初开蒙，拜塾公。四书熟，五经通”。小序经读来读去，过了大半天也不能背诵下来。先生摇摇头，劝他回去认真背诵。小序经很伤心地回到家中，继续诵读着这几句话。就这样，小序经在私塾读了一年多的《三字经》，然而对于所学内容一窍不通。后来私塾先生就坦白地告诉陈继美，说道：“你这孩子很用功，可实在太笨，即便用斧头劈开脑袋把书装进去也没有用。”听完老师的评价，陈继美顿觉失落，他对于儿子的求学一途算是失去了信心。不过小序经是个有志气的孩子，他紧紧地攥着拳头，在内心深处告诉自己：“务必改变之前的学习态度，将来一定要学出成就。”

1914 年，陈继美把序经送往文昌县最好的模范小学读书，让他接触现代化教育。在班里，陈序经比其他人要大好几岁，故而常常受到同学们的嘲笑。不过他毫不介意别人的看法。开学后，他认真地制订并执行学习计划。他每天早上 5 点起床读书；上课认真听讲、做笔记；夜里复习功课，到很晚才睡觉。常言道，“知耻而后勇”。发奋读书的陈序经在学习上进步很快，入学不到三周就受到了老师们的表扬。这是他第一次在学习上得到肯定，无形中使他逐渐自信起来。从此以后，他在学习上进步飞快：19 岁考入沪江大学生物系，21 岁转入复旦大学社会学系，23 岁获得美国伊利诺斯大学硕士学位，25 岁获得伊利诺斯大学博士学位。他入学虽晚，但是因为有着一颗执着的求学之心，最终只用了别人一半的时间就完成了大学学业。

吾将上下而求索

俗话说，“人有恒心万事成，人无恒心万事崩”。难能可贵的是，陈序经能够一直保持紧张高效的学习状态，从不松懈。抗战开始以后，陈序经的工作往来变动很大，生活很不稳定。即便是在这样的环境中，他也是坚持每天早上 5 点起床，一直写作到 7 点钟。更加可贵的是，他几十年来笔耕不辍，利用工作间隙创作了几百万字的手稿，涵盖东南亚所有国家的古史研究，弥补了当时国际学界的研究空白。后来有人向他请教学习方法，问道："陈校长，您工作那么忙，事务多，哪里有时间搞学术研究呢?"他谦虚地回答："时间是人支配的，只要善于利用时间，时间总是有的。几十年来我已经养成早睡早起的习惯，半夜三四点钟起来读书或者写作，头脑十分清晰，工作起来效率也特别高。"

中华人民共和国成立后，陈序经被任命为中山大学副校长，主抓行政事务。在学校办公时，他总是高效率地完成各项任务，这样就可以为学术研究节省不少时间。下班以后，他很少参加聚会宴请，常常待在书房里，远离尘嚣，潜心著述。据次女陈穗仙回忆，20 世纪 60 年代，国家发生了严重的自然灾害，国民经济遭遇了巨大损失。那时候，全国上下物资非常紧缺，学校也不例外。当时父亲担任着学校的行政职务，回家还要研究学术问题，工作强度非常大，因此被学校加以特殊照顾。不过父亲却和普通人一样，从未想过接受这种特殊待遇。每天早上饿了，他就动手炒点冷饭。有时候家里会煮些肉汤，用以补充营养，而他总是推让不吃，留给家人。

三、先天下之忧而忧，后天下之乐而乐

作为一名富有正义感的教育家，在几十年的教育生涯中陈序经从不屈服于任何压力，始终坚持做他认为正确的事情。在他看来，凡是对人民有利的都是正确的，就要坚持下去。“先天下之忧而忧，后天下之乐而乐”，是陈序经一生的真实写照。

不惧“封杀”

20 世纪 30 年代，中山大学举办了一场关于中国教育问题的学术会议，陈序经受邀出席。在论及以何种方式来改造国民素质时，陈序经公开批评了国民党的文化民族主义和道德复古主义。此言一出，立刻引起轩然大波。有国民党御用文人威胁他，说：“最好收回自己的言论，否则就封杀你。”也有人劝他慎言慎行，不要哗众取宠。但陈序经不惧权威，据理力争。从这以后，在陈序经及其学生的推动下，全国掀起了一场声势浩大的关于文化问题的讨论浪潮，直接推动了中国教育的进步。

陈序经刚直不阿、明辨是非，继承了父亲正直勇敢的品质。早在 20 世纪 40 年代初，他就与国民党进行过多次顽强斗争。在抗战紧要关头，国民党不思如何抵抗日军侵略，反而加强了对后方的独裁统治。因此，这就有了“前方吃紧，后方紧吃”的说法。为了加强对西南联合大学师生的控制，国民党当局竟无理要求：“凡是担任院长之人，务必加入国民党。”这一天，有人过来劝说陈序经，要他为国民党效力，否则就开除他的院长职务。陈序经义正言辞，断然地回绝说："如果非要我加入国民党，我宁可不做这个院长！"

1949年广州解放前夕，国民党反动派进行了最后挣扎，许多进步人士都被秘密处决。在得知长风中学有很多师生也被列入通缉名单时，陈序经不避风险，提前通知他们尽快撤离。事情暴露后，亲友们劝他赶紧离开广州，以免遭到国民党的报复。陈序经却显得镇定自若，并大义凛然地说："怕什么？我是不怕坐牢的。如果历史需要用鲜血来书写，那我绝不会吝啬一滴。我怕什么？怕什么？"他的豪情壮志使所有人都受到了巨大鼓舞，坚定了人们与反动势力斗争的信心。

招生之争

抗日战争胜利以后，返回北方的北京大学、清华大学、南开大学三所高校准备联合招生。为了便于考试，三校商议在全国各大城市设立考场。当陈序经审核全国各大考区时，竟然没有看到广州，这让他感到极不公平。在最后一轮考区评审会议上，他据理力争："沦陷期间，广州的大多数青年宁可不上大学也不愿受敌伪奴化教育。收复以后，不在广州设考区是十分错误的。"他言辞恳切，力陈利弊，最终说服了大多数人。不过还是有人故意刁难，想让他知难而退，说道："在广州设立考区也不是不可，除非陈先生亲自主持。"

众人皆知这是一项出力不讨好的任务，搞好了没有人为他请功，搞不好反而背负各种骂名。不过，陈序经从来都不是一个看重自身荣辱之人。他不避困难挑战，毅然地扛起了这份重任。功夫不负有心人，在他的宣传组织下，广州的招生工作终于顺利地开展起来。不到几天的时间，报名数量就多达 3000 人，一跃位居全国第二。据陈序经的子女们回忆："广州考试开始后，有不少达官贵人纷纷登门拜访，试图通过走后门的方式把亲属送进大学。但是，这些都被父亲一一拒绝了。父亲也因此得罪了许多人，但是他却从未放在心上。"

危难见人心

陈序经是一个重情重义之人，凡是他力所能及的事情，都会施以援手。抗战爆发后，国民党在正面战场上节节败退，不久广州即遭沦陷。应亲戚同乡们的委托，陈序经不辞辛苦，尽数将他们接到内地读书、工作。为了营救进步人士，他常常将生死置之度外，与反动势力斗智斗勇。在西南联合大学教书时，陈序经认识了一位海南籍的小老乡。毕业后，小老乡一直找不到合适的工作，就常常寻求他的帮助。有一段时期，陈序经跟小老乡失去了联系，过了很长时间后才收到他的来信。信中说，他被人拐骗到了山里，进行特务训练，现在自己的处境极度黑暗，看不到希望，祈求陈先生能把他解救出来。陈序经马上找到一位叫王昌道的同乡军官，说明了事情的来龙去脉，不久小老乡就被解救了出来。

在西南联合大学工作期间，张伯苓先生曾多次帮助过陈序经，这让他很受感动。西南联合大学解散后，张校长携带部分师生重返天津，准备重建南开大学。当得知南开大学急缺人才时，陈序经决意去南开执教，借此回报张先生的恩情。其实，在此期间曾有不少人请他前往北京大学任教。北京大学待遇丰厚，前景可观，但是陈序经不为所动。他深情地说：“张伯苓先生与同仁对我特别器重，要我当教务长兼政治经济学院院长以及南开经济研究所所长。”更重要的是，陈序经素来钦佩张先生“用苦干、硬干、蛮干的精神，从办小学而中学，由中学而大学，以至研究所，五十年如一日”的崇高精神风范，因为这让他看到了一位教育家严谨治学的态度。

节俭与大方

陈序经一生不贪财、不求仕。在美国留学时，陈序经学习刻苦，在生活上十分勤俭。在当时，1500 美元足够普通人一年的开支了，但是父亲却给他 5000 美元。对于这笔“巨款”，他没有用来购置照相机等奢侈品，也没有用于社交娱乐活动，而是大都用在了帮助贫困同学和购买书籍上。归国以后，陈序经历任几所大学的领导职务，收入不菲。在这个时候，有人谣传他“腰缠万贯”，是“上层人士”等。其实，他的生活很简朴，除了几张旧沙发和大量书籍外，家里再没有什么贵重的物件了。上班时，他常常穿着一件半旧西装，回到家后立刻换上耐用的长衫。有一次，他穿着朴素的长衫去香港出差，结果被工作人员拦在了门口，工作人员说：“先生您上错车了！这里是头等车……”

儿子陈其津回忆说，小时候家里还算富裕。但父亲相当节俭，从未想过购买车子和房子。但父亲有时花钱又相当大方，除了养家、买书、从事调查研究之外，还经常用来接济朋友和学生。父亲平时不跳舞、不打麻将，就连休息也只是坐在摇椅上一面收听新闻，一面缝补衣服和袜子。1967 年父亲去世时，他的居所里没有电视机，也没有任何文玩字画之类的东西，只有摆满了客厅、走廊、卧室和书房的各类书籍。

公私要分明

海南有一位著名的清官，名为海瑞。海瑞一生为官清正廉洁，深得百姓的尊敬与爱戴。据说，在他去世时，当地的百姓如同失去了亲人一般，悲痛万分。当他的灵柩从南京水路运回故乡海南时，江水两旁站满了送行的人群。或许是受到这位同乡先辈的影响，陈序经的一生也是公私分明、奉守清廉。

1948 年的夏天，陈序经再次回到岭南大学，并担任校长。当时岭南大学财政运转困难，入不敷出。陈序经就号召全校师生节约财力，且自身率先垂范，带头不坐学校配备的公车。对于学校资产，哪怕是别人捐赠的，他都能坚持分文不取。当需要以学校的名义存取经费时，他常常找来监督者，联名存放。陈其津说："为了办好医学院，父亲可以用 20 余万元去买一台 X 光机，而没有丝毫的吝啬。但是他从不浪费钱财，单位的每一项开支，他都要做好精打细算。比如，在用水用电这样的细节上，父亲也很注意。"

有段时期，来岭南大学讲座的学者络绎不绝。为了减少经费开支，陈序经就会派陈其津去车站迎接，然而却从来没有给过他任何的"劳务费"。有一年，张德绪先生受邀来岭南大学讲学，因为天色太晚，就临时住在了车站附近。

第二天清晨，陈其津独自一人来到张先生的住处，准备接他前往岭南大学。没钱打车，他就带着张先生徒步来到博济医院附近，挤上了一部校车。等到学校时，张先生早就被挤得满头大汗了。看到这一幕，陈序经才想起来忘了给儿子车费，不由得哈哈大笑起来。

四、佳人多舛唯相濡，兴趣为师父子情

家庭幸福的诀窍很简单，无外乎是和睦的夫妻关系、家人之间良好的沟通以及宽松愉快的家庭氛围。在日常生活中，陈序经一向尊重包括孩子们在内的家人，从不强迫他们去做不感兴趣的事情，而让他们按照自己的想法去做出选择。

相爱几时穷，无物似茶浓

陈序经的妻子黄素芬，1906 年出生于香山县（今中山市）。中学毕业以后，黄素芬考入岭南大学教育系，之后转去岭南小学教书。在一次茶话会上，经过熟人介绍，两颗陌生的心灵相遇了。黄素芬清秀不俗、秀外慧中，一下子就吸引住了陈序经的目光。而黄素芬也钦慕质朴诚实的陈序经，很快两人擦出爱情的火花，不久就举行了婚礼。婚后夫妇二人乘船前往欧洲，开始了艰辛而又充实的求学之旅。

旅欧期间，陈序经醉心学术。他每天除了花费大量时间搜集资料外，还主动学习德语、法语和拉丁语。黄素芬素来善解人意，她不忍看到丈夫过于辛苦，就帮助做一些搜集资料的工作。1931 年 2 月，大女儿曼仙出生了，而这时陈序经

也因为用功过度而染上了肺病，不得不住院静养。生下曼仙后，黄素芬的身体一度非常虚弱。但是她咬紧牙关，一边照顾丈夫，一边看护女儿。无奈分身乏术，她只能忍痛把曼仙寄放在医院，专心照顾丈夫，等有空了再去照看孩子。

妻子的任劳任怨让陈序经颇为感动。后来，他在文章中特意写道："我差不多每天都费十多个钟头去研究主权不可分论，不但欧洲公园的瑞士没有时间去领略，连家人每月送来的国家戏院的入场券，我也抽不出空陪我妻去听听。"回国不久，中华民族全面抗战爆发。考虑到夫人和孩子的安危，陈序经把他们安置在陪都重庆，而他则只身前往西南联合大学执教。在这期间，家里大大小小的事务均由黄素芬一人操持，异常辛苦。当时曼仙不过 9 岁，其津也只有 5 岁，接送孩子们上学，带孩子们去医院看病，参加家长会，统统都由黄素芬负责。为了使丈夫安心工作，黄素芬从来都是报喜不报忧，未曾发过任何牢骚。夫妻二人的感情之深，于此可见。

陪伴孩子一起成长

在战争年代，陈序经一家总是聚少离多。虽然陪伴孩子们的机会不多，但陈序经十分关心孩子们的成长。有段时期，小其津的情绪很不稳定，经常会把自己封闭在狭小的空间里。了解情况之后，陈序经意识到："这是由于长期缺乏父爱所致啊！"从这以后，他就尽量从繁忙的事务中抽身，从云南来到山城重庆，专门看望他。每次见面时，陈序经都会逗小其津玩，并常常用海南话问他"有没有淘气""有没有好好读书"之类的问题。

1945 年 8 月 15 日，日本宣布无条件投降。中国人民抗战胜利的消息瞬间传到了大洋彼岸，这使正在美国考察的陈序经异常兴奋。为了表达心中的喜悦，他立刻写信给孩子们问他们“想要什么礼物”。孩子们争先恐后，踊跃回应。小其津充满期待地说：“想要一只足球和一件夹克。”没过多久，陈序经就拎着一大堆礼物从美国回来了。这一年冬天，孩子们非常高兴。而小其津也如愿以偿地穿上了心爱的皮夹克，脚上踢着足球，别提多开心了。后来陈其津在传记中写道：“父亲和我们离别一年多，在这一年中我长高了不少，没想到他给我买的夹克刚好合身。可见父亲对我们非常的关心。”

抗战结束后，陈序经重新回到离别已久的岭南大学。为了便于陪伴孩子们成长，他就把几个子女安置在离家最近的学校读书。那时候，小其津的学习成绩很好，想要跳到高年级读书。于是陈序经就为他请来了数学、物理和英语老师给他补课。平日里，陈序经要求孩子们练习毛笔字，他说：“这不仅是为了写得一手好字，给人留下好印象，而且可以陶冶人的情操。”在陈其津的印象中，他们兄妹几人，无论学习成绩好坏，行为有无不当，父亲从不责骂他们。即便他们有时犯了大错，父亲也是耐心地教育他们。

有一年中秋节，陈其津留在学校没有回家。这天晚上，星空璀璨，月亮如白玉般挂在空中，显得格外皎洁。学校放假，陈其津就邀请三五同学一起到江边赏月。他们租了一只双桨小船在江面上划行，接着来到岸上逛街，一直玩到很晚。等他们准备返校时，却被管理人员以“水域时间戒严”的理由拦了下来。管理人员向他们索要证件，他们拿不出来，就被带到拘留所关了一夜。等其津回到家时，却发现父亲满目疲惫，这才知道父亲因为自己的事情竟一夜未睡。然而父亲并没有斥责于他，反而温柔地说："以后做事小心一些，不要太鲁莽。"陈其津很感动，之后再也没有做过类似的事情。

以兴趣为师

作为教育工作者，陈序经希望孩子们将来也能从事教育事业。不过，他更尊重孩子们的意向，从不强求孩子们去做自己不喜欢的事情。读中学时，陈其津对无线电、电子技术非常感兴趣，喜欢动手搞点研究。高中毕业后，他考上了大学，后来就选择了无线电专业。对于儿子的选择，陈序经感到很高兴，恰巧当时华南工学院（今华南理工大学前身）电讯系有一些知名的教授跟他很熟悉，可以为其津提供学习指导。平日里陈序经还常常教导孩子们要打好专业基础，不能半途而废，告诫孩子们要学好外语。

陈序经从不偏爱任何一个孩子，对他们一视同仁。在他和夫人的谆谆教导下，五个子女先后成为各个领域的精英：长女曼仙，毕业后在武汉结核病防治院工作，后来成为该院放射科的主任医生，因为工作积极出色，富有奉献精神，曾多次被评为武汉市劳动模范。次女穗仙，参军后复员，先后在中山大学与华南理工大学任教。长子其津，辗转北京中央广播事业局、鞍山广播器材厂和华南工学院，毕生从事科研教学工作，曾任广东省第六届、第七届政协委员。三女云仙，天津音乐学院钢琴系教授、天津音乐家协会钢琴专业委员会常务副会长。小女渝仙，在华南师范大学附属中学任教，曾多次入选该校最受好评的优秀教师之一。

由此可见，陈序经的子女们之所以能够在不同的领域中实现自我价值，很显然与他的“以兴趣为师”的教育方法有着很大的关联。

延伸阅读

［1］中山大学图书馆编：《陈序经图录》，中山大学出版社 2014 年版。

［2］陈序经：《文化学概观》，中国人民大学出版社 2005 年版。

［3］陈序经：《中国文化的出路》，中国人民大学出版社 2004 年版。

严谨务实　铁路报国：詹天佑好家风

詹天佑（1861—1919），字眷诚，号达朝，中国近代铁路事业的开拓者，伟大的爱国者。1861 年 4 月 26 日生于广州。1872 年赴美留学，1881 年毕业于耶鲁大学土木工程系。詹天佑参与了关内外、津卢、萍醴和潮汕等铁路的修建，并主持修建了新易、京张和张绥等铁路。这些铁路的成功修建，初步奠定了中国铁路网络的雏形。1919 年，詹天佑因腹疾严重导致心力衰竭而病逝。噩耗传来，举国悲痛。詹天佑一生为维护民族权益和推动中国铁路事业的发展而不懈奋斗，被誉为“为振兴中华而拳拳奋斗的民族志士”。

詹天佑是中国近代杰出的铁路工程专家，作为一名曾经留学美国的工程师，他不仅在事业方面取得巨大成就，更是十分注重家庭教育，用自己的言传身教逐渐培育了严谨、清廉和积极奉献的良好家风。他的后人中涌现出了大批人才，如三子詹文耀、四子詹文祖均毕业于北京交通大学；孙子詹同济毕业于北洋大学，也是著名的铁路工程师。

一、严谨认真的处事态度

詹天佑无论是在工作中还是在生活中，都保持着严谨的态度，而其敬业精神更是值得我们每一个人学习。

严谨的态度

詹天佑对待工作十分严谨负责。有一次，工作队在修筑从北京到张家口的铁路时，突然遭遇沙尘暴。一时间，狂风肆虐，尘沙飞扬，能见度非常低。测量队工人急着结束工作，匆忙测量后就随意地把数字记了下来，没有进行二次核对就上报了。詹天佑发现了这一情况，他认为：“这种操作非常不符合科学工作标准，必须要再次测量!”不过他并未批评那位测量工人，而是毫不犹豫地背起仪器，冒着风沙，吃力地攀到岩壁上，认真地复勘了一遍，准确记下各种数据、系数，一点一点地修改之前的数据。沙尘暴越来越大，有时候根本无法睁眼，但是詹天佑没有退却，而是继续他的测量工作，直到第二天才回到营地休息。

在詹天佑看来，不仅工程设计、修筑铁路的时候需要严谨，在日常生活中做人做事也要严谨，唯有时刻保持谦虚谨慎、戒骄戒躁的心态，才能少犯或不犯错误。

詹天佑和妻子谭菊珍有 8 个孩子，因为要在全国各地修建铁路，所以他们的 8 个孩子分别出生在广州、直隶林西、山海关、锦州和北京等地。詹天佑虽然工作极其忙碌，但只要一有时间，他就会陪孩子们读书学习。比如，他会检查孩子们写字、读书的进程，考查他们有没有读懂，会不会运用。当看到孩子们做错题目时，詹天佑从不责骂他们，也不会直接告诉他们答案，而是把做错的题目圈出来，告诉他们这些题目做错了，得重做。

詹天佑这种严谨求真的态度深深地影响了后辈们。詹文耀是詹天佑的三子，他继承了父亲的优良品行，对自己的子女要求同样严格。有一次，詹文耀的小儿子詹同沛为了能早点儿出去玩，数学作业没检查便跑出去了。傍晚时分，詹同沛回到家中，翻出作业本，发现父亲已经检查过了他的作业，并在一道题的旁边画了一个大大的红叉号。詹同沛不解，就去向父亲请教。詹文耀对他说："一个小数点点错位置，相差十万八千里。当年你的祖父修铁路，不要说错一个小数点，就是相差 0.1，也修不成这铁路。对数字，绝对要严谨，否则，别去学数学。"

听完父亲的话，詹同沛若有所思，便乖乖地走到书桌旁，拿起了戒尺。原来，詹文耀定有家规：如果有孩子作业写得不认真，做错了题，那就必须接受那把戒尺的惩罚。不过詹文耀从不打他们，而是让孩子们进行自我惩罚。之所以这样做，是为了让孩子们真正认识错误，避免下次再犯同类错误。詹同沛一生都牢牢地记住了这个教训。在以后的学习中他开始仔细谨慎起来，不敢再有一点马虎。长大后，詹同沛进入上海柴油机股份有限公司工作，从车间工人做到分公司经理，他的工作业绩始终保持优秀水平。由此可见，任何事业都不是随随便便就能成功的，需要时刻保持着严谨的工作态度。

敬业的精神

詹天佑不仅为人处事严谨细心，他的敬业精神也值得我们学习。他的亲戚谭丽泉也在京张铁路工作，有段时间，谭丽泉并没有把心思全部放在工作上，常常心不在焉、敷衍了事，因此耽误了一些公事。在知道这一情况后，詹天佑毫不留情地批评了谭丽泉，他说："近今一月余，阁下办事常常耽误公事，不用心。不知所办之事可能认真与否?"还有一次，詹天佑的内弟赌博上瘾，输了一千大洋。詹天佑知道后非常生气，于是挥笔写下："内弟出丑，外兄概不负责!"

19 世纪 90 年代初，中国准备修造古冶至滦州线路。然而，铁路沿线水文情况复杂、水流湍急，必须要在滦河里建造桥墩，架起铁桥，才能正常通车。原来的承包者是英国人喀克斯，他经过一番考察，认为根本无法按常规方法完成打桩，因此想要放弃这条线路，准备重新规划。这样一来前期的工作就白费了。詹天佑却没有被眼前的困难吓倒，他相信一定有办法克服这些困难。于是他组织人员，不分昼夜地进行大量测算。通过认真分析，科学论证，詹天佑决定采用当时国外的气压沉箱法技术，并最终一举取得成功。

在修筑京张铁路时，为了严格工程质量标准和铁路运行制度，詹天佑精心制定了全线的桥梁、轨道、隧道、机车库、客车车厢、站台、车站房屋等 49 项质量标准。鉴于学术团体对国家科技发展的推动作用，詹天佑还在辛亥革命后创建了中华工程师学会。1912 年 2 月，他在广州创办了广东中华工程师学会，并被选为会长。1913 年 8 月，在詹天佑的精心组织下，广东中华工程师学会、上海工学会、上海路工同济会三会合并，成立了中华工程师会。在学会的筹办中，詹天佑耗费了极大的精力。无论是组织会员参会，还是创办团体学术刊物，他都亲力亲为。詹天佑对待工作一丝不苟、认真负责的态度，由此可见。

二、“不能只顾个人，要多为国家着想”

詹天佑是一个心怀天下的爱国科学家。他认为做人不能处处只为自己着想，斤斤计较个人得失，而要有大格局，做到胸怀祖国，多为国家考虑。

委屈的孩子

詹天佑的大儿子詹文珖、二儿子詹文琮留学归来后，一家人终于团聚。当时，有不少单位直接找上门，想要高薪聘请詹文珖和詹文琮，但是詹天佑却不同意他们接受这些单位的邀请。

对此孩子们不能理解，多少有些埋怨。这一天，詹天佑把他们叫到跟前，神情庄重地说：“我送你们出国留学，不是要你们回来做高官、拿厚禄，而是要你们为国家的繁荣富强做些有益的事情。我身边正好很需要人手，你们就在我身边工作吧。”两个孩子这才明白父亲的初衷，决心要为国家和民族奋斗终生。想通之后，兄弟二人没有提任何要求，第二天就来到父亲身边工作。在他们的影响带动下，不少留学生在回国以后也都投入到了民族事业当中。

在工资待遇上，詹天佑给其他留学生每个月开出一百多元，却只给自己的孩子每个月开出七十多元。詹文珖和詹文琮觉得很不公平：自己的技术水平并不比别人差，父亲为什么要自降一等，给他们发比较少的工资呢？詹天佑察觉到了他们的不解和委屈，就把他们叫到身边，认真地说：“不是你们工作得不好，而是因为你们俩是我的儿子，要求要更严一点。你们要知道，国家目前有困难，我们不能只顾个人，要更多为国家考虑。”听完父亲的解释，詹文珖和詹文琮心中的困惑和委屈一扫而光。从这以后，他们再也没有任何怨言，而是更加卖力地投入到工作中。

忧国忧民

詹天佑有着强烈的民族意识，时刻不忘维护祖国的利益。他常对孩子们说：“不能只顾个人，有大情怀才有大出息。各处所学，各尽所知，使国家富强，不受外侮，以自立于地球之上。”1918 年底，英、法、美、日等国谋划共管中国全部铁路，并准备提议在即将召开的巴黎和会上予以通过。在得知列强们的这一图谋后，詹天佑不畏强权，以中华工程师学会会长的身份向中国代表团发出电文。

电文力陈利弊，直言如果铁路统管方案被通过，中国将会永远失去铁路的决策权，并且还会造成四大危害：

一、中国工程技术人员的才能将无法施展；

二、多国组合将很难作出符合我国实际的技术决策，必然会导致工程耗资巨大；

三、铁路统管后，在材料招投标方面更容易出现幕后交易；

四、铁路多国共管后，为捍卫我国利益而与外国交涉将会变得更加困难。

为了发动民众，这封电文不久就在《申报》上发表了，在社会上引起了强烈反响。迫于各界人士和广大民众的压力，北洋政府最终拒绝了列强的统管方案。正是由于詹天佑的据理力争，这才保护了国家和人民的权益。

1915 年，詹天佑离开广东前往武汉工作。他虽然身在武汉，但依然关注着广东的情况。这一年，广东暴雨连连，发生了严重水灾。得知这一情况后，詹天佑立刻组织了募捐活动。募捐活动一开始并不顺利，参与活动的人不是很多，他迎难而上，努力寻找办法，最终筹到了大量救灾资金。对于这些善款，他没有一股脑地捐出去，而是合理规划，如拿多少钱用来购买帐篷、粮食、医疗设施；拿多少钱救助伤残民众；拿多少钱进行灾后重建；等等。事无巨细，詹天佑都亲力亲为。他的这种忧国忧民的精神，让所有人为之动容。

在詹家有个“传家宝”，一块外面镶嵌着玛瑙的黄金做的钟表。据说，这是政府特意奖励给他的。虽说这是荣誉的象征，而且价值不菲，但是詹天佑从来不把它作为炫耀的资本。在他看来，再高的荣誉也不过是过眼云烟，只有真心实意为国家、为民族做事情，才是真正的有意义。詹天佑去世后，后人遵照他的遗愿，将这块贵重的钟表捐献给了国家，后来被存放在詹天佑纪念馆之中。从中我们可以看出詹天佑忧国忧民的崇高风范。

三、对妻子敬爱专一，对子女关爱有加

在家庭生活中，詹天佑对自己的妻子敬爱专一，是一位好丈夫。同时，他对子女们也是十分关爱，更是一位好父亲。

爱情专一有担当

在婚姻爱情上，詹天佑是个有责任与担当的人。虽然他的婚姻是父母包办、媒妁之言，但是却不失其浪漫动人之处。1871 年，清政府准备招考首批赴美留学的幼童。对于大多数人来说，这绝对是一个千载难逢的机遇，高兴还来不及呢。然而詹天佑的父亲詹兴洪，却一时间陷入了两难境地：一方面，中国刚刚经历了鸦片战争，清政府的腐败无能让所有人都对其失去信心，出国留学能够让孩子学到本领，将来能够出人头地，报效国家；另一方面，将幼子送往海外读书，在异国他乡不知道要遭多少罪，吃多少苦。正在踌躇之际，詹兴洪的老朋友谭伯邨前来探望，力劝他把詹天佑送到美国读书。

谭伯邨常年在澳门经商，深知美国在教育上世界领先。更重要的是，他认为詹天佑天资聪颖，做事情稳重踏实，将来必会有大的发展前途。他力劝詹兴洪送子投考，并承

诺把四女儿谭菊珍许配给詹天佑，待他学成归国后立即成亲。在老朋友谭伯邨的说服下，詹兴洪最终同意让儿子报考，赴美留学。几年之后，詹天佑学成归国。1887 年，詹天佑和谭菊珍在澳门举行了婚礼。

结婚以后，夫妇二人形影相随。为修筑铁路，谭菊珍跟随丈夫跑遍了大半个中国，很多时候都是在工地安家。即便如此，她也从无怨言。一家人颠沛流离，居无定所，但这丝毫不影响他们夫妇之间的感情。谭菊珍平时吃饭比较慢，经常是还没有吃完，饭菜已经先凉了。詹天佑看到后十分心疼，于是专门设计了一套保温餐具，供妻子使用。

谭菊珍自幼身体虚弱，常年患有肺病。一旦感染风寒，就会咯血不止，很难治愈。为了照顾妻子，詹天佑陪侍左右，从不间断。即便有时工作很忙，无法脱身，他也会委托他人帮忙照看。后来就有人登门拜访，想要给他找个小妾。詹天佑拒绝来者的好意，衣不解带地照料妻子。在那个时代，封建思想浓厚，纳妾之风盛行，然而詹天佑不随世风，终生奉行一夫一妻主义，对自己的妻子敬爱专一。

詹天佑认为，身为丈夫一定要敬爱自己的妻子，否则就不会忠于事业和朋友。他尤为反感夫妻争吵、离婚这类事情。榜样的力量是无穷的，在詹天佑的影响带动下，同事们纷纷效仿。即使个别职工家庭不睦，也都小心翼翼地遮掩，生怕被人知道。别的单位的职工来到这边参观，无意中发现了这种风气，都大为感慨，十分敬佩詹天佑对妇女的尊重。

1919 年 4 月 24 日，詹天佑因病在汉口逝世。逝世后，家人遵照他生前的意愿，移灵北京安葬。不久，谭菊珍迁居北京，专门照看丈夫的墓碑。7 年后谭菊珍因病逝世，与詹天佑合葬于北京西郊。

一位好父亲

在生活中，詹天佑是个好父亲，对子女们非常关爱。为了让孩子们去国外学习先进知识，詹天佑夫妇节衣缩食。有一次，三子詹文耀在父亲的书房玩耍，无意间发现一封书信。书信是打开的，尚未寄出。小文耀好奇心重，就打开书信读了起来。这是一封父亲寄往美国的信，收信人写着“驻美公使唐绍仪”。后来，詹文耀回忆说：“信的内容很简单，只有寥寥数字，却感人至深。在信中，父亲言辞恳切，他拜托唐绍仪帮忙照顾两个孩子。从这里可以看出，父亲虽然对我们寄予厚望，要求严格，然而对大家是很关心的。他真是一位好父亲。”

詹文琮小时候兴趣广泛，最喜欢看书和收藏金元币。为了满足他的愿望，詹天佑经常委托朋友购买各式各样的书籍和金元币。1906 年，詹天佑向朋友提出了一个充满父爱的请求，他在信中这样写道：

> 我寄上 160 元汇票一张，请为我购书。余下的钱，可否分心为我将其全部购买金币？我的孩子很喜欢这些小金币（美元 1 元），每天都向我念叨，他觉得这种一元金币很好玩，如果你能寄些新的来，那就更好了。

朋友被他深深的父爱所打动，就欣然地接受了他的委托。不久，詹文琮就收到了心爱的礼物，还有一本外文书籍。在詹天佑的深切关爱和精心培养下，孩子们长大成人后也都事业有成。1918 年詹文琮从耶鲁大学毕业后，回到祖国，投身于铁路事业。在父亲的引导和帮助下，他为我国铁路事业的发展作出了巨大的贡献。

四、为人清正廉洁，对亲属严格要求

詹天佑为人处事正派、清廉，从不接受贿赂或特殊的待遇，同时对自己的亲属要求也十分严格。

不要特殊照顾

1914 年秋，詹天佑的孩子们收到了公费留学的通知。接到通知后，詹天佑并未感到激动，心里反而久久不能平静。当天晚上，詹天佑失眠了。他躺在床上翻来覆去，难以入眠，心想："别人家的孩子出国留学，都是自己出钱。而我的两个孩子出国留学，政府却答应'官费'留学，这还不是因为我对国家的铁路事业做了一些贡献。若因为自己对祖国做了一点点有益的事情，又有一定的地位，就让自己的子女得到特殊照顾，这不仅对国家不利，对孩子们自身的成长也没有好处。"想到这里，詹天佑决定不要特殊照顾，而是省吃俭用，凑齐了孩子们的留学费用。

詹天佑子女较多，而住房又太小，非常不利于工作和休息。后来北洋政府就在张家口为他安排了一栋寓所，还购买了许多家具。詹天佑知道后，非常感动。他觉得，一方面这是国家考虑到了他的实际困难，另一方面这也是国家对他工作的奖励，因此他很领这份情。但是与此同时詹天佑又觉得这样不利于孩子们成长，很容易使他们滋生特殊化思想，于是他要来清单，照单子付清所用钱款，做到了不占用一分公款。

詹天佑经常外出工作，没有汽车很不方便。考虑到这一情况，铁路局便准备特意为他购买一辆车，供他个人使用。但是詹天佑认为国家现在经济困难，财政紧张，于是就谢绝了特殊照顾，自己购买了一辆马车。詹天佑身为高级工程师，却乘坐马车出行，实在有失身份，铁路局实在过意不去，还是为他购置了一辆汽车，并配好了司机。詹天佑执意不肯接受汽车，他谢绝说："乘坐马车出行就挺方便的，实在没有必要再用公家的汽车，可以把这台汽车留给更需要它的工作人员。"铁路局以为他这是谦虚，索性还是派司机开着汽车每天去接送詹天佑。然而詹天佑不为所动，他每天坚持乘坐自己的马车出行。最终，铁路局不得不收回汽车，从而节省了很大一笔开支。

不求名利

詹天佑淡泊名利，不求名满天下。在修筑京张铁路时，詹天佑曾引进一种名为"詹氏挂钩"的钩子。这种挂钩能确保火车平稳行驶，为人们带来很好的乘车体验。其实，"詹氏挂钩"是美国人伊利·汉尔顿·詹内发明的，为了方便传播和使用，这才简译为"詹氏挂钩"。由于詹天佑是当时最著名的铁路工程师，所以许多人就误以为这种挂钩是他发明的。在听到这种误传之后，詹天佑特地在笔记本上标注："非我发明。"由此可以看出，詹天佑不愿沽名钓誉，展现了一名科学家应有的气度。

詹天佑一生清正廉洁，从不接受贿赂。在他看来，向他行贿是对他的一种侮辱。如果有人给他送礼，而他又不好拒绝，他就会自己花钱来照价补偿。在修筑铁路时，通常需要采购一些工程材料，作为首席专家，詹天佑在采购招标事宜上有着很大的权力。然而他从不以权谋私，而是严格遵守既定的招标制度。1905 年 8 月，詹天佑写信致天津各大洋行，准备预订 5000 桶水泥。他在信中明确要求，各投标商必须将报价公开刊登在《大香港画报》上，借以杜绝各种中饱私囊的机会。京张铁路建成通车后，为了嘉奖詹天佑的突出贡献，清政府决定奖励他 2000 两银子。而他则用这笔奖金换成了金银牌 178 枚，全部奖给了辛勤工作的同事们。

五、修家谱，优良家风世代传

为了将先辈们的优良传统传承延续下去，詹天佑主持编修了家谱。1881 年 8 月，詹天佑奉命提前结束留学生活，返回祖国。其后，他被分配到福州船政局水师学堂学习驾驶。1885 年 2 月，詹天佑担任广东博学馆洋文教习。在此期间，詹天佑做了一件对整个家族都具有重大意义的事情——编修家谱。

1882—1883 年间，徽州婺源（詹天佑祖籍）编写出版了最新的《婺源县志》，很快流传到了广州。闲来无事，詹天佑就顺手买了一本，津津有味地读了起来。很快，他就有了一个重大发现。原来，詹氏先祖中曾出现过六位品德高尚之人，他们分别是：曾任东阳郡赞治有治绩，被当地民谣誉为“天”的家族始祖詹初；积极为官府捐款解困的五世祖詹诚遇；智勇双全、以身殉国的先锋兵八世祖詹必胜；助人为乐、不善水性却奋勇救起落水者的三十六世祖詹起添；热心公益事业，积极参加扶贫事务的三十七世祖詹万榜（詹天佑曾祖父）、三十八世祖詹世鸾（詹天佑祖父）。

此时詹天佑 23 岁，正是他人生观即将成型的关键时期。要做个什么样的人呢？这是那段时期他反复思考的问题。幸运的是，在那几天他看到了《婺源县志》。书中所描述的历代先祖，给詹天佑提供了做人做事的学习楷模。受到启发，詹天佑决心把先祖们的高尚品德流传下去，为此他不辞辛劳，组织编写了《徽婺源詹氏支派世系家谱》。为了起到更好的示范效应，他还全文抄录《婺源县志》上有关先祖詹世鸾、詹万榜、詹起添、詹诚遇四人的事迹。

先辈们勤劳勇敢、亲善邻里、乐于助人的精神风范，不只是被抄写记录在家谱上，还深深地印刻在了詹天佑的脑海中。通过撰写家谱，詹天佑深深地被先辈们的高尚品质所打动，这些也都成为了他为人处世的准则。好的家风，就是要代代流传。詹天佑一生都严格遵循家谱中的家训格言。终其一生，他都一直保持着忧国忧民、严谨负责的精神状态，并以“敬业、廉洁、博学、睿智、务实、坚韧、友爱”的品格，在业绩与人品上获得了世人的赞许。

延伸阅读

[1] 经盛鸿：《人字是如何打造的：詹天佑》，陕西人民出版社2015年版。

[2] 徐子方：《詹天佑：1861—1919》，江苏文艺出版社1999年版。

[3] 陈琪：《詹天佑与中国近代铁路》，吉林文史出版社2012年版。

努力向学　兢兢业业：李四光好家风

李四光（1889—1971），字仲揆，湖北黄冈人，地质学家、教育家。中国现代地球科学和地质工作的主要领导人和奠基人之一。李四光于1919年从英国伯明翰大学毕业，获自然科学硕士学位。1931年，再获自然科学博士学位。1955年，当选为中国科学院学部委员（院士）。1958年，当选为苏联科学院院士。他提出了中国东部第四纪冰川的存在，建立了“构造体系”的概念，创建了地质力学学派。李四光不仅在学术研究方面取得了巨大的成就，还十分注重家风家教，良好的家风家教使其一门出了三位院士，成为我国独树一帜的院士之家。

李四光是我国著名的科学家，他在地质学方面的成就颇丰，为我国的发展做出了巨大的贡献。同时，他也是一位优秀的教育家，十分重视自己的家风家教，培育了忠于祖国、热爱国家、勤俭节约、兢兢业业的优良家风。在李四光的影响下，女儿李林也走上了科学研究的道路，并且一家出了三位院士，这成为我国科学史上的一段佳话。

一、热爱祖国，支持革命

在家庭的影响下，李四光从小就思想进步、眼界开阔，乐于关心国家大事，立志用自己学到的知识报效祖国。

思想进步，胸怀天下

在李四光幼年的时候，李四光全家仅靠父亲李卓侯办私塾收取的一些学费来维持生活。如果遇上灾荒年，来私塾上学的学生少了，他们就有断粮断炊的危险，不得已时只好向地主家租借。所以，李四光的母亲就经常纺线织布，赚些零用钱补贴家用。

李四光的父亲李卓侯是个秀才，思想进步，学识渊博。他一心热爱乡村教育事业，为黄冈培育了不少人才。他在新庙开设了一个私塾，后又将其改为学堂，并自任堂长。他的学堂在鄂东一带很有名气，过了几年县里将之改为公立，称作“东乡小学”，并任命他为校长。李卓侯思想进步，胸怀祖国，对革命持赞成的态度，而且他还跟革命党人吴贡三、殷子衡等人来往密切。

有一天，李卓侯在书房偷偷修改吴贡三托人捎来的反清小册子《孔孟心肝》。他边看边紧蹙双眉，在屋里来回踱着步子。这一幕被李四光看到了，他走进屋内，用稚嫩的声音问道："爸爸，你一定有什么心事吧？是生我的气了？"父亲见小四光一脸认真的样子，就合上书本，深深地叹了口气："孩子，中日甲午海战，由于清政府腐败无能，北洋水师全军覆没。清政府把台湾、澎湖和辽东割让给了日本人，把旅大租借给了俄国。这些地方的人民都沦为了亡国奴，我怎能不伤心啊？"

李四光听后十分愤慨，又问道："我听说北洋舰队从国外购买了二十多艘战船呢，为什么我们还打不过外国人呢?"李卓侯痛心地说："清政府派李鸿章向北洋水师下令不准抵抗日军，才招致全军覆没。有位名叫邓世昌的舰长率兵抗敌，后来战舰受伤了，弹药也用完了，他便下令战舰加速前进，想猛撞敌舰，与敌人同归于尽。但是咱们的战舰没有日本人的速度快，结果非但没有追上敌舰，反而被敌人的鱼雷击中，全舰官兵都壮烈牺牲了。"听了父亲的话，李四光把拳头捏得紧紧的，咬着牙说："民族的耻辱!"此后，李四光对祖国的热爱之情更加浓烈，时刻关注着民族和国家的发展。

努力向学，蔚为国用

热爱祖国，追求进步，是李四光家风的一个突出特点。1904 年 7 月，16 岁的李四光第一次远渡重洋，赴日本东京求学。在留学期间，他一方面学习科学文化知识，一方面还接触了革命思潮。怀着对祖国的热爱和对民族前途的忧虑，他毅然加入了同盟会。当时，留学东京的中国学生中掀起了一股革命思潮，革命党人宋教仁也来到这里推广革命理念。

一次偶然的机会，李四光认识了宋教仁。宋教仁非常欣赏李四光的志向与胸襟，两人交往日密。在进步思想的影响下，李四光毅然剪去发辫，发誓与这个旧世界彻底决裂！1905 年 7 月，孙中山来到日本东京，召开中国同盟会筹备会，李四光积极地参加了这次会议。

令李四光激动的是，孙中山先生利用会议间隙来到他的身边，摸着他的脑袋，亲切地问："你为什么要加入同盟会呢?"李四光大声说："加入同盟会，要革命，不要改良!"孙中山非常感动，于是鼓励他说："好！好！你这样小小年纪就参加革命，这很好。同盟会的工作分为两个部分：一部分人准备回国发动武装起义，推翻君主专制政权；另一部分人准备在中华恢复后，把我们的国家建设得富强起来。现在，你年龄小，不必急于投身锋镝之间。我希望你努力学习，蔚为国用。"李四光把孙中山的话牢记心里，从此以后，"努力向学，蔚为国用"就成了他踏上救国道路的行动指南。

1949 年 4 月，郭沫若率领中国代表团赴布拉格出席维护世界和平大会。出国前，郭沫若签名致信李四光，希望他能早日回国，共商新中国的建设大计。5 月中旬，李四光收到来信，欣喜万分，如当年的杜甫一般，恨不得"即从巴峡穿巫峡，便下襄阳向洛阳"!

1949 年 10 月 1 日，中华人民共和国举行开国大典，毛泽东主席在天安门城楼向全世界庄严宣告中华人民共和国中央人民政府成立了。此时的李四光正在异国他乡的旅馆里，全神贯注地收听着开国大典的广播报道，他那一颗赤子之心已经飞向华夏大地，激动的心情再也无法按捺。李四光和妻子许淑彬商量，准备马上回国，哪怕是坐货轮回去也在所不惜。就这样，李四光放弃了在国外优越的生活，拒绝了国民党请他去台湾的邀请，冲破层层阻碍，克服艰难险阻，终于回到了祖国的怀抱。之后，他为新中国的地质事业奉献终生。

二、做事情要兢兢业业

李四光认为，做事情要兢兢业业，这样才能取得较大的成就。一丝不苟、认真做事也成为了李四光家风的一个重要方面。

扎根庐山搞研究

李四光从小就养成了认真做事情的好习惯，每做一件事情都会尽最大努力做好。长大以后，李四光从事地质学的研究，几十年如一日，从不懈怠。

1931 年夏天，为了寻找中国有过第四纪冰川的证据，李四光带领学生到江西庐山进行考察。庐山坐落于长江南岸的鄱阳湖边，地形复杂，怎样才能高效地开展研究工作呢？李四光亲自带队，沿着地形从西南向东北依次考察地层的分布和构造情况；接着又下到山麓，观察东西两侧断层造成的峭壁。1932 年暑假，李四光再次来到庐山。这次，他在庐山一住就是 3 个星期。他每天早出晚归，实地勘察每一个山峰和谷地。几周下来，李四光收获颇丰，找到了中国存在第四纪冰川的诸多证据。

然而这些证据仍不够充分，为了打破“中国没有第四纪冰川”的定论，李四光决定开展更深入、更细致、更全面的研究工作。为了便于观察勘测，他在庐山购买了一所小房子，每天住在那里，早出晚归。这次，李四光算是在庐山扎下了根。据当地人说，他们经常看到李四光穿着草鞋，背着工具，带领助手到很多地方进行野外作业。李四光一行人早晨出发，从芦林启程，顺着王家坡的 U 形沟谷，追索冰川沉积物，一直追到鄱阳湖畔的白石嘴。

李四光团队夜以继日地观察地形，挖掘岩石，采集标本，分析鉴定，对比研究，终于找到了更多更充分的证据。1936 年，李四光在庐山脚下的下青山白石嘴，建立了一座冰川陈列馆，名为“白石陈列馆”。经过艰苦研究，李四光终于打破了“中国没有第四纪冰川”的定论。后来他编著《冰期之庐山》一书，为中国第四纪冰川学说奠定了坚实的基础。

特殊的“传家宝”

每次李四光进行野外考察回来，都会带着许多岩石标本。这些岩石标本有大有小，他把大的放到专门的房间里保存，供日后研究。而对于那些小的岩石标本，他则常常带在身上，方便随时拿出来进行研究。在李四光的眼中，这些岩石标本非常具有研究价值，都是他的宝贝，他甚至把它们当作“传家宝”留给后代。在他收藏的众多岩石标本中，有一块岩石很小，然而李四光却最重视。这块岩石能够反映出岩石塑性变形的过程，在自然界中非常罕见。

这块石头有些年头了，据说它是李四光早期在河北、山西太原一带考察时偶然发现的，此后跟随了他几十年。

李四光逝世后，女儿李林也把它们当作宝贝保存着。等李林也到了晚年时，她就把女儿邹宗平叫到身边，把这些石头标本郑重地交给了她。邹宗平小心翼翼地照料这些“宝贝”，从未遗失、损坏过一块。有一次家里装修，邹宗平担心弄丢它们，于是她到银行特意租了一个保险柜，将它们安全地保存了起来。银行工作人员很好奇，就问她：“你这是有多少金银财宝啊？这么沉重。”她笑着说：“别人保险柜里都装的是金银财宝，我这里面装的全是石头。”这些石头标本虽然不见得有多么的贵重，但它们蕴含的意义和背后的故事却非同一般，因此成为李四光后人的传家宝。

认真工作是最大的幸福

李四光做事认真，一辈子兢兢业业地工作。他的这种精神影响深远，很好地教育了后人。留学回国以后，女儿李林和女婿邹承鲁分别从事物理学和生物化学方面的研究。

20 世纪 70 年代，邹承鲁和李林都在北京工作。与别的夫妻不同，虽然他们两人在同一个地方工作，但他们平时都是在科研中度过的。邹承鲁说：“我们两个人平时相处得很好，我们有个共同的特点就是做事认真，对待工作兢兢业业。我们回家后一个抱一台计算机，你写你的文章，我写我的文章。我们的两台计算机相对而放，写东西的时候我看不见她，她也看不见我。我们的生活很简单，我们回家后就工作，哪儿也不去，要是换一个早就吵架了。”

后来李林也说：“我就觉得在有生之年，可以在科学研究上面再做一些有利的事，做些实事吧，这就是我最大的幸福。”正是因为邹承鲁和李林夫妇专注于科研事业，做事情兢兢业业，他们才在各自的领域中取得巨大的成就。邹承鲁是新中国酶学研究的奠基人之一，中国的生物化学界把他尊称为泰斗，他的“邹式公式”以及作图法被广泛使用。李林主攻物理学研究，她为我国超导体薄膜和电子显微术的发展做出了杰出的贡献。

三、勤俭节约，以“俭”持家

小时候李四光家里很穷，兄弟姐妹 7 人，爷爷常常卧床不起。父亲教书收入微薄，母亲一个人种田，收入也不多。李四光在家里排行老二，年龄不大却很懂事。他平时看到母亲一个人干活，心里难过，便想方设法帮母亲做家务。有时天刚亮他就起床，把水缸装得满满的。每次上山砍柴，他总是要挑得满满的才回家。“艰难困苦，玉汝于成。”幼年的艰苦环境让李四光养成了勤俭节约的好品质，这一品质伴随他一生，传递给了后人。

留学日本的时候，李四光异常节俭。为了节省开支，他在轮船上没有买正式的铺位，结果就是白天窝在底舱，晚上在船顶上过夜。海途漫漫，李四光不小心感染风寒，腹泻不止。医生劝他多休息，注意饮食搭配，多吃素菜。听到医生这样的劝告，他就决定以后再也不吃肉了。等来到东京时，李四光的病已经好得差不多了，但他依旧坚持不吃荤腥。东京是个大都会，那里灯红酒绿，更是美食的天堂。有不少留学生意志力薄弱，没能经得起诱惑，整日过着纸醉金迷的生活。然而李四光对这一切无动于衷，始终保持着勤俭作风，把全部心思都放在了学习上。

因为要研究地质力学，所以李四光经常去野外搜集一些岩石标本。长年累月下来，各种各样的石块堆满了房间。对于那些大块岩石标本，他通常是先做好标记，再放到专门的地方。有时为了方便研究，他就将一些比较小的岩石标本放到口袋里。时间一长，衣服就磨出了破洞。这时候，李四光总是将口袋补一补又穿上了，因此许多衣服都是补丁摞补丁。

李四光不仅严于律己，也时常严格教育孩子，告诫他们要节约资源，不可随意浪费。晚年的李四光，在生活上更是简单节俭。饮食上不沾荤腥，衣着也是简单朴素，很少买新的。在他去世后，工作人员想找几样遗物留存下来，但找来找去也没发现什么值钱的东西。

四、夫妻互相尊重，恩爱有加

李四光和夫人许淑彬互相尊重，恩爱有加，家庭生活幸福和睦。

才子佳人，终成眷属

1917 年，李四光从英国伯明翰大学毕业，一年后回到北京担任地质学教授。这时的李四光事业有成，不过却一直没有找到意中人。到北京后，他认识了温柔贤惠的才女许淑彬。许淑彬，江苏无锡人，晚清学者许士熊之女。许淑彬的家庭开明，她很早就走进了学堂。父亲去世后，在母亲和哥哥的支持下，许淑彬顺利上完大学。

许淑彬和李四光谈恋爱时，起初许淑彬的哥哥不同意他们交往，因为李四光的家境太贫寒了。但是李四光对许淑彬爱意甚坚，并没有被困难所吓倒。他经常邀请许淑彬一起作曲、唱歌、散步、玩乐器，共谈人生理想。他们的交往逐渐频繁，两人感情也日益浓厚。为了改变哥哥的看法，许淑彬只得求助母亲帮忙。许淑彬的母亲很喜欢李四光，她认为李四光为人朴实厚道，柔中有刚，而女儿生性好强，刚中有柔，两人结合是天造地设的一对儿。在母亲的劝说下，许淑彬的哥哥终于同意了两人的婚事。

夫妻恩爱，相互扶持

结婚以后，李四光和许淑彬无比恩爱。他们有着相同的爱好，两人曾一起创作《行路难》。据说，这首《行路难》是第一首由中国人创作的小提琴曲。由于两人的家庭出身、生活习惯有很大不同，夫妻之间也难免出现矛盾。李四光出身比较贫寒，一直保持着节俭的生活习惯，而许淑彬出身于官宦家庭，生活方面比较富裕。因而在消费观念上，两人产生了一些矛盾。但是李四光对夫人非常尊重，从不要求她一定要如何去做，对夫人呵护有加。经过一段时间的磨合，他们越加恩爱幸福了。

李四光专注于科研事业，在工作上刻苦努力，常常待在实验室里。有了孩子之后，李四光更忙了。为了照顾妻子和孩子，他每天往返于实验室和医院之间，非常劳累。在医院，他一边照顾妻子，一边抽空工作。他经常掏出一个小板，上面放上纸，写起文章来。

看到丈夫的这一举动后，许淑彬实在有些生气。因为在她看来，夫妻之间应该多多交流，增进感情。李四光发觉了妻子的情绪变化，想了想对她说："因为我想多用一点儿时间来做科研，时间是非常宝贵的。我这样做可能不太符合你的要求，但你要选择一下，你是想要有一个很有事业心的丈夫呢，还是想要一个只陪你玩的丈夫?"听完丈夫的话，许淑彬若有所思地点点头。在接下来的日子里，许淑彬慢慢地理解了丈夫的心中抱负，而李四光也尽量抽出更多的时间陪伴妻儿。

1944 年 6 月，为了躲避日寇，李四光率领地质研究所离开桂林向西跋涉。由于环境恶劣，卫生条件差，再加上天气炎热、饥饿、缺水，李四光在途中患上了痢疾，身体非常虚弱。这时许淑彬就用自己带的药品，精心护理着丈夫。李四光十分担心许淑彬的身体，怕她劳累过度病倒了。于是他就强打精神，做一些力所能及的家务，以减轻妻子的负担。这对恩爱夫妻在逃难中互相体贴、关照，度过了乱世中最困难的一段时光。

1944 年底，李四光夫妇随地质研究所来到重庆。由于旅途劳累，再加上生活条件太差，许淑彬病倒了。这时李四光承担起了所有家务，悉心照顾妻子。每天早上一起床，李四光就像家庭主妇一样，买菜、烧水、做饭、洗衣服，帮许淑彬服药，事无巨细，样样都干，而且干得井井有条。许淑彬见他十分辛苦，又耽误了许多科研时间，心里实在难过。一天，许淑彬躺在床上对丈夫说："你是不是向所里讲一下，叫他们派个人来帮下忙。不然，你会累坏的。"但李四光不愿给别人添麻烦，他觉得自己的事还是应该自己解决。

1971 年 4 月，李四光突然病倒，住进北京医院，这是他人生中最后一次住院。当时，女儿李林在医院照顾他。李四光对女儿说："如果现在我不在了的话，我有两件事很不放心。一个是地震方面的工作，因为之前答应过周总理，但我还没有做完，因此很不放心。另一个就是你的母亲许淑彬，我如果不在了，她怎么办，我很不放心。"李林伤心地说："地震方面的工作，我想我帮不上您什么忙，但应该有很多人能把这项工作继续做下去。要是说母亲呢，您就不必担心啦，我会很好地照顾妈妈的，您就放心好了。"听了女儿的话，李四光放心地点点头。第二天早上八点钟，李四光与世长辞。直到生命的最后一刻，李四光依然对老伴儿念念不忘。

五、女儿生活上的慈父，人生中的导师

小时候，李林身体虚弱，常常需要在夜间喝牛奶来补充营养。李四光总会不顾一天的疲惫，半夜起身给女儿热奶、喂奶。作为父亲，李四光非常疼爱女儿。每天下班回来，他要做的第一件事就是将女儿抱起，放在怀里暖起来。

进入 20 世纪 50 年代，李林已长大成人，但李四光对女儿的爱仍然不减当年。李林上班的地点离家较远，只有周末才能回家。为了能够早点见到女儿，他就提前从家中走出来，穿过田野和松林，走到紫竹院，坐在公园的长椅上，静静地等候。见到女儿，他的心情别提有多高兴，父女二人一起回家，边走边谈，其乐无穷。

李四光不仅是一位慈祥的父亲，还是一位相当严厉的

“老师”。在学习方面，他对女儿的要求十分严格。他时常教育女儿要读好书，并尽可能地给她提供好的学习条件。他经常对女儿说：“爸爸只有你一个孩子。我不讲男孩女孩，只要好好读书，就是好孩子。小时候把书读好了，长大了才能有所作为。”后来，李林回忆：“我之所以能够成为著名的物理学家、中国科学院院士，除了自己的天赋和努力外，父亲的关爱和教诲也起了重要的作用。”

六、做老实人，说老实话

在做人处世方面，李四光最为看重人的品质，为此他经常教育子女要“做老实人，说老实话”。这六个字也成了李四光家风中的显著特征。这短短的八个字对女儿李林的一生产生了重要影响。

青年时，李林前往英国留学。她先是在伯明翰大学学习塑性力学，硕士毕业后，她去找她的导师想继续深造，攻读博士。导师却对她说：“我觉得你现在就不错了，回去找份工作，然后嫁人就挺好的。”被老师拒绝后，李林非常伤心。没有办法，她就去剑桥大学应聘，找了一份实验员的工作。成为实验员之后，她的主要工作是在一个教授手下做“金相试验”。所谓“金相试验”，就是把一个个像扣子大小的金属片放在一个圆盘上按住，进行长时间打磨，磨光之后放到显微镜下观察，再由此写出分析报告。

在实验室一干就是几个月，劳心费力，非常折磨人。但是李林不避辛苦，做事情认真谨慎。有一天，轮到李林做“金相试验”了。意外的是，就在她打磨的过程中，圆盘上的一个金属片飞了出去。金属片比较小，要找到它相当困难。李林急得团团转，坐在那里非常着急，不知如何是好。这时有同事走过来安慰她，对她说：“没关系，我来帮你找。”接着，同事就拿出一个很大的吸铁石，在地上吸出来好多小金属片。同事跟她说：“可以了。你随便找一个金属片，然后放到圆盘上再磨一磨，只当是原来的那片，教授不会知道的。”李林想想没有别的办法，于是就选了一个比较干净的金属片，继续去进行试验了。然而李林心里很是不安，觉得非常内疚，思来想去之后她跟教授坦白了一切。她真诚地说：“真是非常对不起，我今天磨的时候，不小心金属片飞了出去，我就在地上找了找，找到了一片比较干净的，应该就是我掉在地上的那片，我就用找到的金属片把实验做了。”李林停顿了一下，在看到教授面色有些不悦时仍鼓足勇气说：“我相信这个金属片就是我掉的，如果这个金属片有问题的话，那您请工厂再送一片过来，我再给您做。”

俗话说，“吃亏是福”。几天之后，教授让秘书请李林去谈话。李林感到有些不安，心想是不是之前的“金相试验”没有做好，教授要批评甚至解雇她了。然而当李林走进教授的办公室时，教授却和蔼地问她还想不想继续读博士。李林高兴地回答：“我当然想继续读博士了，但是我没有奖学金啊。”教授对她说：“只要你愿意认真读书，认真做事，奖学金我可以帮你去争取。”李林激动地点点头，表示愿意继续深造。在教授的帮助下，英国的金属协会帮李林申请到了奖学金，她如愿以偿地实现了自己攻读博士的理想。

李四光及其后辈人能够在各自的领域取得巨大的成就，都离不开“做老实人，说老实话”这种忠厚家风的影响。

延伸阅读

［1］马胜云：《李四光》，金城出版社 2008 年版。

［2］景才瑞：《李四光：中国科技界的一面旗帜》，湖北美术出版社 2006 年版。

［3］王静：《李四光传》，河南文艺出版社 2017 年版。

一心为公　忠于祖国：竺可桢好家风

竺可桢（1890—1974），字藕舫，浙江省绍兴县东关镇人。中国近代著名的气象学家、地理学家、教育家，中国科学院院士。中国近代地理学和气象学的奠基人。竺可桢于1909年考入唐山路矿学堂学习土木工程，次年公费留学美国，1918年获得哈佛大学博士学位。1936年4月起，担任浙江大学校长，前后历时13年。中华人民共和国成立后，先后担任中国科学技术协会副主席、中国气象学会理事长和中国地理学会理事长等职务。竺可桢不仅是科学家，也是一位建树颇丰的教育家，他优良的家风和教育思想对世人产生了深远影响。

竺可桢作为气象学家和地理学家，在科学研究领域取得了巨大的成就。同时，他也是一位教育家，不仅为我国的教育事业作出了极大的贡献，还十分注重家庭教育，逐渐培育起了热爱祖国、清正廉洁、勤恳认真和注重自省的良好家风。

一、注重对子女的启蒙教育

竺可桢不仅自己受到了良好的童年教育，也努力为子女们提供优良的启蒙教育。注重对子女的启蒙教育是竺可桢家风的重要特点。

启蒙好老师

竺可桢的故乡——绍兴，是一座历史悠久的文化名城。竺可桢祖上世代务农，其父竺嘉祥，是同胞三兄弟中最小的一个，20 岁时与顾氏成婚。竺嘉祥是个知书识礼之人，又打得一手好算盘，能做些小买卖。后来他们家境逐渐殷实，便搬离山区来到保驾山村。竺嘉祥在那里开了米行，生意日渐红火。在平时的家庭生活中，他十分注重对儿女的启蒙教育。

小时候，竺可桢乖巧聪明，勤学好问，十分惹人喜爱。每当竺嘉祥在镇上走亲访友时，他就让小可桢骑在自己的项背上。一路上，他指着镇上各家店铺的招牌，教小可桢识字。到家以后，他再检查儿子的学习记忆情况，没想到小可桢大都能记得。亲邻们都夸他是个奇才。

母亲顾氏，贤惠端庄，知书达理，是竺可桢的启蒙老师。竺可桢半岁时，顾氏就教他听音乐、辨颜色；一岁时，她就手把手教他写字、唱歌谣。当同龄的小朋友才刚刚学会说话时，小可桢就能一边做撑船游戏，一边口里唱着："摇啊摇，摇啊摇，摇到外婆桥……"

小孩子对外界事物总是充满好奇的，竺可桢也不例外。他对周围的一切事物都充满新奇，总爱问母亲各种稀奇古怪的问题，如："大冷天青蛙到哪里去了？""家里的燕子什么时候回来？""稻子割掉后，蚱蜢躲到哪里去了？"对于这些问题，顾氏总是不厌其烦地解释。等过了一段时间之后，顾氏也会常常反问他，并要他复述。就这样日复一日，小可桢的记忆力、理解力、辨别力和思维能力都得到了有效训练。

小可桢兴趣广泛，不仅爱读书，也爱写字、画画。他练习写字、画画的工具十分多样化，或用木棒在泥地上练习，或用木炭在石板上、屋墙上涂鸦。有一次，他太过投入，竟然把隔壁家的白墙涂了个"大花脸"。他一边画，一边说："今天看见一只燕子"，"中午看见一只大青蛙从洞里爬出来"……碰到不会写的字，他就用图画代替。母亲看到儿子的作品后，感觉又好笑又生气。她把小可桢叫到跟前，先是表扬他热爱学习、仔细观察的好习惯，接着又嘱咐他不要往墙上乱写乱画，否则会惹伯伯、伯母们生气。

绍兴是文化之乡，就连村里也有不少读书人。小可桢经常看到有人随身携带一个小本子，在上面写写画画，内心十分羡慕。小可桢联想到父亲也有一个小本子，于是就向母亲请求："我也要一个小本本，像爸爸那样，用来记账。"很快地，顾氏就用零星纸片专门为他制作了一个小本子。之后，小可桢随身携带着这个小本子，随时随地把看到的、想到的东西都记下来。没过多久，小本子上就写得满满的了，母亲就又为他制作了一个。慢慢地竺可桢养成了写日记、随笔的好习惯。

兴趣是最好的老师

竺可桢不仅自身受到良好的童年教育，同时也是自己孩子的好导师。在孩子们启蒙教育方面，竺可桢常说："兴趣是最好的老师。"竺安是竺可桢的三儿子，清瘦、沉静、温文尔雅，与竺可桢很像。竺安从小对化学感兴趣，长大后成为化学方面的科学家，可以说这与父亲竺可桢密不可分。竺安回忆说："父亲教育孩子的方法使我们获益良深。"

在竺安小学毕业时，竺可桢送了他一本法布尔著的《科学的故事》，期望他能够对自然科学感兴趣。这是一本通俗的科普读物，书中的主人公是少年保罗。在保罗很小的时候，他的叔叔就给他讲昆虫的故事；讲蚂蚁与蚜虫相互帮助、相互依赖的亲密关系；讲意大利维苏威火山的喷发及引起的地震与海啸；等等。此外，叔叔还带着保罗一起到野外观察大自然，用土法做化学实验"人造火山"……这些知识内容极富趣味，深深地吸引了竺安。正是有了这本书的启发，才打开了竺安对自然世界的兴趣的大门。

竺衡（竺可桢的二儿子）13 岁生日时，父亲竺可桢送了他一个小木箱作为生日礼物。这个木箱很奇特，上面写着"少年化学实验室"。为什么叫实验室呢？原来，箱子里面装有多种化学药品，还有试管、试管夹、酒精灯、石蕊试纸等用具。除此之外，还有一本小册子，上面讲述了几十个化学实验的做法。收到这个礼物，竺衡非常高兴，竺安也相当激动，兄弟俩立即动手做起了制造“笑气”（能够使人发笑的气体）的实验。他们先是把药品放在试管中加热，接着再去闻试管口的气体，结果他们都没有笑。然后他们又让大哥竺津（竺可桢的大儿子）过来闻了闻，也没有什么反应。

这次试验虽然失败了，但却引起了竺安对化学极大的兴趣。在接下来的日子里，竺安迷上了化学。每天放学后，他或者去附近的书店，翻阅化学读物，或者利用二哥竺衡的“实验室”做实验。等到读中学时，他开始系统地接触并深深地喜欢上了化学这门科学。从此，他与化学结下不解之缘，长大后成为了一名化学家。

二、清正廉洁的家风

不论在担任浙江大学校长期间，还是在担任中国科学院副院长期间，竺可桢始终一身正气、两袖清风。

两个“不”字

在担任浙江大学校长期间，竺可桢听到有人议论校长办公室向公家领取莲子等私人物品的事情。他勃然大怒，立即去保管室查阅学校几个月来的领物单。没有查出问题，他又去检查购物发票，最终发现这是一场误会。这件事让他感受颇深，当天晚上他就在日记中写道：“余从未向学校领私人应用之物品。惟草纸一项余个人所用者由学校供给，嗣后余亦当停止使用。允敏（竺的夫人）并当面告知，谓私人决不要公家之物来用。”

浙江大学农学院栽培了大量农作物，经常会收获各种农产品，如西瓜、番茄、花木等。这些农产品，一部分免费供给全校师生品尝，一部分则用来对外销售。竺可桢身为校长，凭借其身份可“近水楼台先得月”，但是他历来以身作则，从不以公谋私，而是和一般顾客一样，排队付款购买。在看到这一幕后，农学院的教职工非常感动，他们说：“竺校长起了很好的表率作用。这样一来，那些想要以权谋私的领导就再也不敢来了。”

1949 年初，师生们要为竺可桢校长庆祝 60 岁大寿。有人忙着准备礼品，有人张罗着排演节目，场面十分隆重。竺可桢知道后竭力阻止，并立下两“不”的规矩，即礼物一律不收，庆祝会不到场。后来，他还专门在日记中记下了这件事情：“因为校中学生为我宣传，说今天是我 60 岁生日，所以校中本来要为我庆祝，学生做戏，教职员送礼。上星期六学生代表左大康就来说，要开会庆祝。郦衡叔画了一张画给我。我已当面表示：礼物一律不收，开会不到；在星期一的《浙大日刊》上刊登了一个启事。但是，昨天幺杭生太太和波若统又送礼来，我已一起退回。”竺可桢的高洁品行，于此可见。

一心为公

竺可桢不仅严于律己，对亲属的要求也十分严格。在杭州期间，每到周末竺可桢夫妇都会上街买东西。但是竺可桢从不使用公车，只有在上下班、外出公干的时候才会使用。有一次，女儿竺松在学校生病了，情况紧急，必须乘车去医院就诊。同学们非常着急，就连忙叫来了科学院的公车。就在上车之际，竺松想起了父亲对他们一心为公的教育，于是坚决地拒绝了。她解释说：“我这是私事，不能用公车!”同学们拗不过她，只能送她乘公共汽车去了医院。竺松的行为感动了在场的所有师生。

公心无大小，即使是人生大起大落的重要节点，竺可桢也不会使公心让道。在处理浙江大学新生招生方面，他一律以考分高低录取，杜绝一切请托之事。在这一过程中，他坚决不为权贵子弟开方便之门，也不会因亲戚熟人放弃原则。即便是自己的女儿，也一视同仁。竺可桢的女儿竺梅，高考之后报考了浙江大学。考试以后，她觉得自己发挥得不是很好，就很想通过父亲想想办法。但是父亲平时廉洁自律，从不为自己谋私利，所以她没有说出口。成绩出来后，竺梅差了几分，没有考上。学校管招生的老师想放宽条件录取她，但竺可桢坚决不同意。最后，竺梅只得改考了其他学校。

邵天宜是竺可桢的侄子，当时也要投考浙江大学。有同学见他是校长的亲戚，便主动和他凑近乎，问他：“竺校长可关心你的考试?”邵天宜说：“我来投考浙大的事情，竺可桢先生从来没问过我，我更不敢和他谈考试的事情。”同学们听后感到十分惊讶，十分钦佩竺可桢先生清正廉洁的品格。

1946 年，竺安如愿以偿地考入了浙江大学化学系，当时竺可桢仍在浙江大学担任校长。在校期间，竺安始终牢记父亲的教诲：“不要总想着倚仗父母，自己的前途要靠自己来奋斗。”他不仅和同学们打成一片，而且向老师们虚心求教。

大学毕业后，竺安来到浙江省公安系统工作。1956 年，中央召开全国知识分子工作会议，号召技术人员归队。直到此时，竺安才得以加入刚刚成立的中科院化学所，成为分析化学研究室的一位研究人员。1960 年，结婚后的竺安与妻子过着分居两地的生活，这给他们带来了许多不便。但是，竺安从未向时任中科院副院长的父亲提出过给以照顾的要求。就这样，一直到 1973 年竺安妻儿的户口问题才得以解决，夫妻分居两地历经 13 年才告结束。

三、做事情要勤恳认真，一直坚持下去

竺可桢经常教育孩子们要勤恳认真做事，要有恒心和毅力，这样才能取得水滴石穿的效果。也正是因为他在科学研究中持之以恒，才取得了诸多的成果。

水滴石穿

竺可桢的母亲顾氏为人贤淑，对竺可桢非常疼爱。家务忙完了，顾氏不是陪儿子做游戏，就是给他讲故事，启发他做人的道理。小可桢喜爱学习，还很爱动脑筋。每当下雨时，他就趴在窗前或蹲在屋门口看雨。有一次，天又下起雨来。小可桢蹲在门口，聚精会神地数着从房檐上滴下的雨滴。数着数着，他突然发现门口的石板上有一排小坑，而雨水刚好落在坑里。他觉得奇怪，立即跑去向母亲请教原因。

顾氏稍作思索，笑着回答：“你这个问题问得很好，这种现象就叫作‘水滴石穿’。那一个个的小坑就是被雨水慢慢滴成的，你别看一滴水没有什么厉害，可日久天长就能把石板滴出一个小坑来。”接着，顾氏话锋一转，就把话题

转到了学习上来。她说："孩子，读书、办事情也是这个道理，只要持之以恒，坚持下去就会有所成就的。"小可桢听后点点头，牢牢地记住了母亲的话。从此，"水滴石穿"这一格言成了竺可桢的座右铭，伴随他的一生。

做好每一件小事

在做人做事上，竺可桢经常教育孩子们要勤勤恳恳，不能半途而废。据竺安说："每天记日记是父亲竺可桢的一个嗜好，他一生一共记了厚厚的几十本日记。除了 1935 年以前写的日记在抗日战争期间丢失以外，从 1936 年 1 月 1 日到他去世的前一天——1974 年 2 月 6 日，共三十八年零三十七天，日记一天也没有间断过，全部都完整地保存着。"

中华人民共和国成立初期，竺可桢在科学院院部工作，而家住在北海公园北门附近，已经年近花甲的竺可桢却拒绝了公家派车接送的照顾。无论刮风下雨，竺可桢每天早晨准时由北海公园的北门进来，从南门出去。傍晚时候，他再由南门进来，从北门出去。与游人观赏公园的闲暇心态不同，他要对公园里的景物做确切而又仔细的观察：哪天柳絮飘飞，哪天北海结冰，哪天春燕回归，哪天丁香花开等等。回到家后，他就马上记录下来。

有时候，竺可桢因出差或有事耽搁，就动员自己的老伴儿、女儿，甚至邻居帮他留心观察，做好记录。这项看似平凡的工作，竺可桢从来没有放松过。在竺可桢去世的前一天，他还在收听天气预报，并用颤抖的手记下："晴转多云，东风一至二级。"

除了记录天气以外，竺可桢还常常记录其他事情。比如每当参加一个大型的会议时，他都会把与会人员的名字记录下来。竺可桢有着超强的记忆力，据说，他能很准确地叙述出每个参会人员的特征、发言情况。每次外出旅游时，竺可桢都会记下游玩的地点和时间，就连拍照时相机的距离、光圈和速度也都进行了记录。如果乘坐飞机出差，他还会记下飞机起飞时间、飞行速度、飞行高度、看到什么样的云、云下是什么地方等等。正是因为竺可桢能够持之以恒地做好每件事情，所以他才取得了诸多伟大的成就。

四、爱国家风

作为我国著名的科学家和教育家，竺可桢的爱国情怀也被人们赞颂。

开创气象事业

1910 年，竺可桢以优异的成绩考获了“庚子赔款”留学美国的名额。在填报专业时，其他许多同学都填报了热门专业，希望出国留学能给个人带来一个好的前程。而竺可桢认为，中国是一个农业大国，在农业方面还有许多问题需要去解决，如果学习农学，将来可以更好地报效祖国。因此，在填报专业时他毫不犹豫地选择了农学。

最开始，竺可桢就读于伊利诺伊大学农学院。但是在学习过程中，他越来越觉得美国与中国的农学差异太大，甚至还有许多理论相互矛盾。经过再三思考，他转入哈佛大学研究院地理系，攻读气象学。1918 年，竺可桢以优异的成绩完成学业，获得了哈佛大学气象学博士学位。这时候，他完全可以留在经济发达、社会稳定的美国，找一份薪资优厚、安稳舒适的工作。但是他求学前对祖国的热忱之心一刻也从未冷却，回去建设国家的决心一刻也没有动摇。就这样，竺可桢毅然决然地登上了归国的轮船，满怀希望地回到了祖国。

当时的中国正值北洋军阀割据时期，极度贫穷落后，连一座属于自己的观测站都没有。而那些用于观测气候变化的测候所，均被外国人控制。这让竺可桢非常痛心，在他看来，“夫制气象图，乃一国政府之事，而劳外国教会之代谋亦大可耻也”。回国以后，竺可桢一心扑在了气象研究上面，为开创我国的气象事业倾注了大量心血。

1927 年，蔡元培创办中央研究院，邀请竺可桢筹建中央研究院气象研究所并担任所长。中国气象科学迎来了一次历史性的转折。次年，竺可桢克服资金不足、人才短缺困难，在南京北极阁建立了中国近现代第一个国家气象台——北极阁气象台。这个气象台不仅用来观测气象，还肩负着培育人才的重任，如赵九章、叶笃正、陶诗言等一批气象科学家都出自这里。

在中央研究院气象研究所任职的 16 年间，竺可桢为我国近现代气象事业做了很多奠基性的工作。如他在全国范围内广泛设立测候所，在峨眉山、泰山顶部甚至西藏拉萨都开展了气象观测活动。而且在竺可桢的带领下，气象研究所自办或合办测候所 28 个，协助地方兴办测候所 50 多个，再加上接管了北洋军阀时期外国人控制的北京、青岛的观象台，我国终于形成了基本完整的气象观测网络。

1930 年元旦，中央气象研究所绘制了东亚天气图，同时还成功发布了天气预报和台风预报。从这时开始，中国人开始了自主预报天气的新纪元。

拒赴台湾

在教育子女上，竺可桢经常告诫他们：“要心怀祖国，不能只考虑自己的得失。”妻子张侠魂同样深受丈夫影响，平时除了料理家务、教养孩子外，她还十分热心社会公益活动，比如经常参加一些爱国演出和募捐活动。就在张侠魂生病逝世之前，她还在学生中发起了声势浩大的抗战纪念活动，极大地鼓舞了全校师生的抗战决心。为了表达对张侠魂女士的纪念与哀思，全校师生发起了募捐活动。整个募捐活动筹得五百多元，准备送往竺可桢家中。竺可桢被学生们的行为深深打动了，不过他并没有收下这笔钱，而是全部捐给了前线士兵。

全国解放前夕，蒋介石拉拢竺可桢，准备退逃台湾，但遭到了竺可桢的断然拒绝。不久，竺可桢接到国民党教育部部长杭立武的电话，话筒那头声称：“请速来上海，有要事相商。”竺可桢应约而至。刚到达上海，杭立武便马上找到他：“你赶快去台湾吧，蒋介石准备请你担任台大校长。”竺可桢故作茫然，一会儿微微摇头，一会儿又点点头。杭立武见他态度模棱两可，就劝说道：“要么，你先去欧美考察一段儿时间也行。”竺可桢见对方逼得很紧，只好应付说：“杭部长，这么大的事，你总得让我考虑一下吧。”

杭立武心知竺可桢难以就范，就通过上海《新闻报》发表了一则“竺可桢近日飞抵台湾”的假消息。这样一来，他既可以迫使竺可桢乖乖就范，又能完成上级交办的任务了。然而，杭立武的愿望落空了。竺可桢宁折不弯，从来不会被外界势力所左右。一天下午，竺可桢正独步行走在南京路上，突然，一辆黑色轿车停在他的身边，接着蒋经国从车上走了出来。蒋经国面带笑容，明知故问地说道："竺校长，你不是已经去台湾了吗？怎么还在这里啊？""走是要走的，只是还没有买到飞机票。"竺可桢应付着。蒋经国马上说："这好办，我这里有飞机票。你住在哪里，我马上派人给你送过去。""我现在居无定所。现在我还有事，就此别过吧。"竺可桢搪塞着蒋经国，找个理由就离开了。

两天后，蒋经国打听到了竺可桢的住地，并亲自给他送来飞机票。一阵寒暄过后，蒋经国直奔主题。他先是向竺可桢转达父亲蒋介石的邀请，接着又以老朋友的身份开导他。蒋经国动之以情，晓之以理，态度十分真诚。其实，就个人情感而言，蒋氏父子待竺可桢不薄，他担任浙江大学校长一职还是蒋介石亲自选定的，而他与蒋经国的私交也非一朝一夕。但是在国家和民族大义面前，容不得个人感情，于是他非常明确地答复道："谢谢总裁的好意。经过反复考虑，我想，我还是不必去了。""为什么？"蒋经国愕然。竺可桢说："大势已去，你想想，区区台湾孤岛，弹丸之地，还能维持多久呢？""不要悲观，时局绝非就是如此。"蒋经国不厌其烦地劝说，但是竺可桢始终不为所动。

蒋经国了解竺可桢的性格，再说下去也不会有什么效果，便准备起身告辞。不料竺可桢却站了起来，笑容可掬地把蒋经国按回沙发上，说道："想当初，先生14岁出国苏联，28岁才回到祖国，在西伯利亚的冰天雪地里苦苦度过了 14 个春秋。记得你回到祖国时，抓起一把土贴在胸前久久不愿放下，人非草木，孰能无情。故土故乡故人，难离难分难舍啊!”蒋经国完全理解竺可桢的一语双关，意之所指。竺可桢见他面色稍缓，进一步道出肺腑之言：“今日之事，我不能无动于衷，如果你有勇气，我看你也不必去台湾了。”蒋经国无奈叹息，实在无力回天，最后只好怅然而去。

五、“吾日三省吾身”

竺可桢经常自觉审视自我，一旦发现不当之处就立即改正。他不仅严于律己，还要求子女们做到“吾日三省吾身”。在他看来，只有每日反省才能不断提升自身素养，才能不断进步。每天都要进行“自我批评”绝非易事，真正能做到的人也是微乎其微，而要让一个科学家承认自己无知，时常自我反思、检讨，更是难上加难。竺可桢不止做到了这一点，而且他每天会写下自我批评的语句，警醒自己以后不可再犯。

竺可桢在一篇日记中这样写道：“十点至历史所与叶企孙、侯外庐谈开第三次中国科学史委员会，以定明年年度计划。……叶企孙告余说岁差不但是赤经、赤纬改变，黄经、黄纬也变。可知余之无知也。”又如，他在 1936 年 10 月 14 日的日记中写道：“十一点偕振公、晓峰、仲翔、幼南、驾吾至博览会间壁招贤寺，贺布雷母亲七十冥寿。[补注] 至今思之可耻之事。”补注是他后来翻阅时写上的，可见他记了日记后还时时翻阅，常常反省自己。

1962年9月6日，竺可桢参加科学规划小组会议，因为时间匆忙，就顺手拿了规划的第二稿（草稿），未及细看就发言，结果闹了笑话。会议结束后，他在当天的日记中进行了深刻反省："九点参加民族饭店综合组讨论会，讨论提纲二稿。我到民族饭店时才接到二稿，所以没有时间能仔细看，讨论时就提意见关于农业支援提得不够，但实际最后部分已大加扩充，我这如此粗枝大叶应该加以检讨。入党时马玉书同志给我一纸，说党有三大纪律八项注意，三大纪律是如实反映情况，正确执行党的政策和实行民主集中，八项注意有一项是没有调查没有发言权，我既没有如实反映情况也随便乱发言，可耻之至。"从这里可以看出，他对自己的批评检讨不可谓不严厉。

人必先承认自己的无知才能进步，进而奋力学习，直追而上。正是因为有了虚心好学、不耻下问的勇气和品质，竺可桢才有如此渊博的学识，成为著名的气象科学家、教育家。又因为他时刻不忘进行自我审视，所以才能在品德上达到很高的境界。总之，"吾日三省吾身"是竺可桢家风家教中的显著特征。

延伸阅读

[1] 张清平：《竺可桢》，大象出版社2001年版。

[2] 卢同奇：《竺可桢》，江苏文艺出版社1999年版。

[3] 张汉卿：《竺可桢的故事》，时代文艺出版社1998年版。

勤勉刻苦　赤血丹心：华罗庚好家风

华罗庚（1910—1985），出生于江苏金坛县，祖籍江苏丹阳。世界著名的数学家，中国科学院院士，美国国家科学院外籍院士，第三世界科学院院士，联邦德国巴伐利亚科学院院士，中国第一至第六届全国人大常委会委员。华罗庚是中国解析数论、矩阵几何学、典型群、自守函数论与多元复变函数论等多方面研究的创始人和开拓者，并被芝加哥科学技术博物馆列为当今世界88位数学伟人之一。华罗庚作为享誉世界的数学大师，为中国数学的发展做出了重要贡献。

华罗庚是世界著名的数学家，他刻苦钻研，在学术研究方面取得了巨大的成就。同时，他品格高尚，用自己的言传身教培育出勤勉做事、为人真诚和自强不息的家风。他的子女在良好家风的影响下，也都取得了许多成就。

一、重视对子女的引导和教育

华罗庚对子女的教育问题十分重视，支持子女不断求学进步，并且经常教育子女为人处事的道理。

支持子女不断求学

华罗庚出生在江苏金坛县。他的父亲叫华瑞栋，号祥发，人称华老祥，原为江苏丹阳县舫仙桥人，后来搬到金坛定居。华罗庚的母亲叫巢性清，是江苏武进县孟河镇人。华瑞栋 13 岁时就开始学做生意，非常精明能干，后来自筹资金开了一家小店，坐落在金坛清河桥之东。华罗庚的母亲常年患病，婚后十多年没有生育，直到近四十岁才生下一女，取名华莲青。1910 年 11 月 12 日，华罗庚出生了。老来得子的华瑞栋很高兴，就说："放进箩筐避邪，同根百岁，就叫箩根吧。"名字包含了父亲对他的良好祝愿。"箩"字去掉"竹"字头是"罗"，"根"与"庚"同音，这就是华罗庚名字的来历。

华瑞栋虽是生意人，但十分重视对子女的教育。华罗庚的小学是在金坛仁劬小学度过的，然而成绩不好只拿到一张修业证书。不过父亲依然支持他继续上学，把他送入了金坛县立初级中学。在那里，华罗庚努力学习，逐渐对数学有了浓厚的兴趣。初中毕业后，华罗庚想继续读书上高中，可是家里的经济状况供养不起他继续求学了。这时，有个亲戚向华瑞栋提供了个消息：黄炎培和江问渔在上海创办了一所中华职业学校。他们提倡职业教育救国，创办职业补习学校，招收清寒子弟，授予职业训练，培育科技人才。当时中华职业学校登报招收青年学生，只要初中毕业即可报考，可以免交全部学费。

听到这个消息后华瑞栋欣喜若狂，心想：职业学校收费较少，并且可以让孩子继续求学，学到一技之长。他决定让儿子到这所学校继续学习。经过考试，华罗庚进了这所学校的商科。在中华职业学校，华罗庚学到了更多的知识，为之后的科学研究工作打下了坚实的基础。

谆谆教诲

1927年，华罗庚与吴筱之结婚，不久就有了儿女。有一次，长子华俊东有一道数学题做不出来。他想到自己的父亲是大数学家，如果去问他一定能问出答案。没有经过认真思考，他就跑去向父亲要答案。华罗庚认真地看了下题目，并没有告诉他答案，而是说道："你自己再去好好想想!"小俊东碰了钉子，只能自己认真思考。经过一番努力，这道题被解答出来了。这件事给小俊东留下了极其深刻的印象，从这以后，凡是遇到困难他都会自己想办法解决。

有一次，二儿子华陵解出了一道很难的数学题，感到非常高兴。于是他拿去给父亲华罗庚看，想得到父亲的表扬。但当父亲看完题目之后，脸上并没有表现出华陵预期的表情，而是当场出了三道更难的题目。由于这三道题目太难，华陵一时半会儿解不出来，只好继续认真地研究起来。通过这件事情，华陵明白了父亲的用意，那就是做人一定要谦虚，不能一取得成绩就沾沾自喜。

还有一次，三儿子华光突然感到牙疼，他便用手捂着脸腮，不住地呻吟起来。华罗庚刚好在他身边，听到呻吟声，立刻转过身来，鼓励华光："孩子，我也牙疼过，并且牙疼和我的腿疼简直没法比，但我从来没像你这样。"原来华罗庚年轻的时候得了一场大病，导致一条腿残疾，直到他在美国动了手术才能正常行走。听到父亲的一番教育，华光大受鼓舞，于是咬紧牙关，决心向父亲学习。后来华光回忆说："父亲经常拖着病腿到成昆铁路的工地，到农村、工厂推广统筹法、优选法，他忍受的痛苦是可以想象的。"

二、夫妻恩爱，一生相互扶持

华罗庚拥有幸福的家庭生活，他与夫人兼同乡吴筱之女士一生恩爱，不仅一同度过抗战和"文革"的艰难岁月，也曾一同漂洋过海，求学异国。

善意谎言

1927 年，华罗庚与比自己小一岁的金坛姑娘——吴筱之结婚了。吴筱之毕业于金坛成中女子小学，跟华罗庚的姐姐华莲青是同学。婚后，华罗庚夫妻感情和睦，恩爱无比。后来，华罗庚跟虞寿勋谈起过他的婚姻，他高兴地说："我与筱之是'门当户对'。"他所说的门当户对，大概就是指华、吴两家家境相同，都是贫穷人家吧。但他又补充说："你只知其一，不知其二，我是初中毕业，筱之是小学毕业，是不是可说门当户对？"其双关妙语，令人感佩。

吴筱之读书不多，但知书达理，很有家教。大女儿出生后不久，华罗庚就患上了伤寒，病情很重。吴氏请来一位名医为丈夫看病。当时诊费很高，一次就要两块钱，而华罗庚当教师的月薪才 18 元。但为了让丈夫赶快好起来，她可顾不了这些，哪怕倾家荡产也要为丈夫医治。一段时间过后，华罗庚的病情却越来越重。这时，医生偷偷地告诉吴筱之："不必吃药了，他想吃啥就给他吃吧。"言外之意就是华罗庚已经病入膏肓，无药可治了。

这句话犹如晴空霹雳，使吴筱之呆愣半晌。她强迫自己镇定下来，笑着对丈夫说："你的病就要好了，医生说，还是吃上次方子上的药就行了。"妻子的嘘寒问暖给了华罗庚莫大的精神支持。在之后的日子里，吴筱之不分昼夜地照料丈夫，喂汤、喂药、洗衣、做饭。很快钱花光了，这时她就把陪嫁首饰收拾起来，送进当铺，换些钱财。没过多久，华罗庚的病竟然奇迹般地痊愈了。华罗庚曾感慨地说，他一生的成就，有夫人吴筱之一半的功劳。

相濡以沫

抗日战争时期，出于安全考虑，华罗庚一家搬迁到了大西南。在西南生活期间，吴筱之每天起早贪黑，操持家务，由于过于疲惫，不久就病倒了。华罗庚很是心疼，温柔地说："以后我来熬粥煮饭吧！"只见他拿出勺子，舀出米来放进盆里，用河水淘米，接着下锅煮粥。华罗庚一边等着米粥开锅，一边思考着数学难题。由于他思考问题太过投入，一时忘了加水，结果煮了一锅糊饭。

中华人民共和国成立后，华罗庚夫妇依然风雨同舟。在20世纪六七十年代，华罗庚组建了一支小分队，到全国各地推广统筹法和优选法。无论他走到哪，妻子的关心就跟到哪。1974年11月，华罗庚在信中对妻子写道："今天12时多安抵洛阳，在车上发现包中有糖，还是一盒鹿茸糖，你的关心，感动了我。"1977年3月，他又在信中写道："现趁裴定一同志来送重要公文之便带上丝绵被絮一条及山萸肉一包，都是买来的。特别是山萸肉，可能学名是山茱萸肉，对你的健康合适，可以泡水、长喝。"在"文革"中，华罗庚一度受到冲击，但是妻子吴筱之始终坚定地陪在他的身边，给予他有力的支持。对于这段经历，儿女们回忆说："父亲经历的每一段困难时光，母亲都是他最坚强有力的支柱。母亲也是我们这个家的英雄。"

有一次，吴筱之不小心把手指弄伤了，导致感染住进了协和医院。当时"文革"刚刚结束，华罗庚的工作十分繁忙，但是他依然抽出时间去医院看望妻子。

华密回忆说："还有一封很长的信，是1978年父亲华罗庚在住院时给母亲写的，在这封信中，父亲用朴实的语言，十分详尽地追忆了五十年来两个人的感情历程，表明了自己对这份感情的珍爱。"华密还说："读了这封信，让我明白了是什么样的爱情让一个蜚声中外的科学家和一个只有小学文化程度的家庭妇女，相濡以沫共同生活了半个多世纪，并搭建了一个温暖幸福的家。读了这封信，也让我懂得了，真挚的爱情不仅仅发生在花前月下，也不仅仅萦绕于琴棋书画，在贫困的生活中，两颗真诚的心也会紧紧贴在一起，迸发出火热的感情，而这种火热的感情可以燃烧一生一世。”

三、不计个人名利，始终与国家人民同甘共苦

在华罗庚的一生中，他始终做到了与国家人民同甘共苦，努力为国家富强做出贡献，并且不计较个人的名利得失。

共赴国难

1937 年七七事变爆发，日本侵略军大举入侵中国，很快吞并了大片国土。此时华罗庚正在剑桥大学学习。当他听到这个消息后，再也没有心情专攻学术，即下决心回国，为全民族抗战贡献一份力量。

当时，清华大学、北京大学、南开大学已经搬迁到云南昆明，并在那里组建成立了西南联合大学。得到消息后，华罗庚乘船取道大西洋、印度洋、马六甲海峡及新加坡抵达香港，然后又乘飞机经越南西贡、河内直达云南。华罗庚决定要回国的时候，一些朋友劝他留下：“现在日军侵华日极，到处烽火连天，你不用冒此战火炽烈的危险，留在英国研究学问，同时在各大学校讲授数理，肯定很受欢迎。”朋友的话不无道理，但是国将不在，此心难安。最终华罗庚婉拒了朋友的好意，放弃了英国优越的生活条件，

决心与全国同胞共赴国难。

华罗庚对祖国的热爱之情，感染了身边的很多人，其中也包括他的儿女们。华俊东说：“父亲不仅是一位数学家，他也是一位真正的爱国者。每当国家危难的时候，他总是选择和祖国在一起。西南联大是抗日战争时期我国高等教育特殊的存在方式，是中国教育史上的一个奇迹。当时，昆明的条件非常艰苦，但父亲就是在那样的条件下，仍旧坚持数学研究。他是那个时代在西南联大做出世界水平学术成果的一代学人之一。”

“我们应当回去”

1946 年，华罗庚应美国伊利诺伊大学邀请前去讲学。在那里，他得到非常优越的生活保障和研究条件。为了能让华罗庚长期留在美国工作，伊利诺伊大学准备聘他为终身教授，并承诺会给他非常优越的待遇。考虑到国内不太安全，一时之间他也很难回国，于是就把妻儿接到了美国。但是华罗庚心系祖国，始终关注着国内的战争形势。1949 年10 月，华罗庚看到了一条激动人心的新闻——中华人民共和国成立了！华罗庚兴奋不已，还以为是在梦中。直到他把新闻读了一遍又一遍，才敢相信这事千真万确。他无法抑制心中的喜悦，禁不住跳了起来。

华罗庚平复心情，高兴地对妻子说：“新中国成立了，我们回国吧!”吴筱之十分支持丈夫的决定，答应说：“好!”华罗庚要回国的决定使所有人感到惊讶。美国人不愿意让华罗庚离开，于是千方百计地想挽留他，甚至提出可以让华罗庚先回国看看，孩子们由学校照料的建议。但是华罗庚回国的决心已定。为了能够顺利归国，华罗庚准备了两套方案。方案一，先乘轮船抵达香港，再转大陆。方案二，如果美国加以阻拦，不让回国，他们就先去欧洲，再途经苏联，回到祖国。幸运的是，行程还算顺利。

1950 年 2 月，途经香港时华罗庚思绪万千，随即写下了《致中国全体留美学生的公开信》。这不仅是对留美学生回国的号召，也是他个人投身报国的“决心书”。华罗庚在信中写道：“为了抉择真理，我们应当回去；为了国家民族，我们应当回去；为了为人民服务，我们也应当回去。就是为了个人的出路，也应当早日回去，建立我们工作的基础，为我们伟大的祖国的建设和发展而奋斗!”3 月 11 日，新华社向全世界播报了华罗庚的这封信，在海外留学生中产生了巨大的影响，掀起了一股回国热潮。这些言辞恳切的话语，饱含了华罗庚的爱国热情，即便现在读来仍然令人热血沸腾。

开创新中国数学事业

回国以后，华罗庚马上着手创建新中国的数学事业。他先后担任过清华大学数学系教授、中国科学院数学研究所和应用数学研究所所长，此外他还筹建了中国科学院计算数学研究所，并担任中国科技大学副校长兼数学系主任。在当时，新中国一穷二白，极度缺少数学研究工具。即便如此，华罗庚依然继续着自己的数学研究，突破了许多世界性难题，并取得了丰硕成果。在人才培养方面，他发现和培养了一大批数学人才，为新中国数学学科的发展打下了根基。后来，有一名美国教授评论说：“华罗庚若留在美国，本可以对数学做出更多的贡献。但他回国对中国数学十分重要，很难想象，如果他不回国，中国数学会怎么样。”

华罗庚一家回到祖国后，被安置在北京清华园。平日里，吴筱之不仅操持家务，有时还会帮丈夫抄写论文和书信。一旦客人来到家中，她就代丈夫承担起待客的各种事务。每当华罗庚外出开会、办公时，她就会将拐杖、香烟和帽子拿出来，备置得妥妥当当。对此，有人很不理解，于是就来问她：“华先生年富力强，很多事情可以自己做。为什么你还要如此照顾他呢?”她微微一笑，回答道：“我能帮他一点忙，他就少操一点心，为国家多出点力。”

四、勤勉家风

俗话说“天道酬勤”，华罗庚能取得如此大的成就，最终成为一名著名的数学家，离不开其勤勉家风的熏陶和影响。

“聪明在于勤奋，天才在于积累”

华罗庚的勤勉和刻苦是出了名的。小时候，他一边在父亲的杂货铺里打理事务，一边利用空余时间学习数学。他学起数学来非常刻苦，甚至到了茶不思饭不想的地步。有时候他学习得实在太专注了，有顾客进来时他毫无察觉，结果丢掉了不少生意。父亲非常反感他的“怪异”行为，因此经常批评他。但是华罗庚“屡教不改”，依然勤奋地读书学习。

在华罗庚的老家，每天总是磨豆腐的老头起身最早。可他天不亮起床时，总会看到华家的豆油灯已经点亮，原来华罗庚已经起床在用功读书了。到了炎热的夏季，夜间屋里闷热无比。晚饭过后，家人都会出去乘凉，只有华罗庚躲在屋里看书。在寒冷的冬天，屋内寒冷非常，呆的时间一长，整个人都会冻得手脚冰凉。为了在学习时也能取暖，华罗庚就把砚台放在脚边，一边磨墨一边做练习。每到逢年过节，他依然忙着读书学习，有时候甚至都没有时间走亲访友。

“一份辛苦一份才”

抗日战争时期，华罗庚在西南联合大学任教，一家人住在陈家营村。在陈家营小屋里，华罗庚不顾楼下猪拱、牛蹭痒痒屋子颤，专心致志做他的研究。这间小屋，一到晚上灯光昏暗，但华罗庚依然每天坚持工作到很晚。

据长女华顺回忆：大概是在 1941 年假期，父亲让我帮他打字，他来不及仔细教我指法，只教了我如何上纸、下纸、换行、留空、加符号等，就把稿件给了我。我只好硬着头皮打，好容易打完一页。这一页字母打错了不少，父亲只好自己动手校改。一个假期的功夫，我慢慢地就熟悉了打字。每天看字母打字母，这种打字对我真不轻松，对父亲来说也是很不轻松的。因为自己打字不熟练，结果给父亲造成了太大的校改任务量，现在想起来，也总觉得过意不去。父亲后来告诉我，他让我打的就是著名的《堆垒素数论》。当时国内没条件将之出版，苏德战争前传到了苏联，苏德战争结束后才首先在苏联出版。正是父亲在那样艰苦的条件下依然坚持勤奋研究，他才最终取得了许多世界水平的学术成果。

1970 年，华光（华罗庚的小儿子）毕业于中国科学技术大学，他曾担任过华罗庚应用数学与信息科学研究中心常务副主任。在回忆父亲时，他曾深情地说：“父亲给我留下的印象就是他很忙。父亲经常会随时随地思考问题，时常正吃着饭会问大家：‘我已经吃了几碗饭?’如果得到的回答是‘一碗’，那他就要再加一碗；如果得到的回答是‘两碗’，那他就算吃完了这顿饭。在家里工作时，父亲很不喜欢别人干扰、打断他的思路，并且他还有很多社会工作，非常忙碌。正是因为父亲专注于科研探索，付出了常人无法想象的艰辛劳动，他才能够成为一名世界级的数学家，才能够为数学、为国家做出巨大的贡献。”

在华密（华罗庚的小女儿）的记忆中，父亲在家时经常待在书房里，要不就是趴在桌上写东西，要不就是看书。看着父亲那么勤奋学习，她和几个哥哥姐姐也都深受影响。华密回忆说：“父亲每天都在研究着数学，吃饭的时候想，睡觉的时候想，白天想，晚上还在想，就连父亲和自己在一起时，也是在说着数学。就算是家里的游戏也都会和数学有关，在生活中父亲会告诉我们数学无处不在，以此来提高我们的学习兴趣。此外，父亲还常常教育我们‘在成功的道路上，勤奋和积累比聪明更重要’。”华密把这些话牢牢地记在心底，并以此教育自己的子女。

“埋头苦干是第一，发白才知智叟呆。勤能补拙是良训，一份辛苦一分才。”这是华罗庚去世之前写的一首诗，也是他一生的真实写照。

五、做一个善良、实诚的人

华罗庚为人实诚、善良，一辈子凭本事吃饭。他经常对子女说：“人家帮我，永志不忘；我帮人家，莫记心上。”华罗庚不擅长人情世故，为此得罪了不少人。他看不起业务不好又不努力的人，也看不起得到一定成绩就不再继续搞学问的人。有一些亲戚曾当着他的面说：“你就懂得八股（指学问），不懂四股（指人情世故）!”但是华罗庚并不以此为意，依然“我行我素”。

据二女儿华苏回忆，父亲确实是一个很厚道的人，虽然他也受到过一些不公正的对待，但他一生从来没整过人，也没违心说过假话。他从来不后悔自己的选择，因为他来不及后悔，永远有做不完的事。对于那些曾在“文革”中批斗过他的人，他也从不计较。以至于有人说：“那个老头真好哄。”事情过去了，他照样为这些人写推荐信。

当华罗庚从美国回到祖国后，出于方便工作考虑，政府为华罗庚配备了专车。在那时，国家对公车管理还不算严格，常常有人公车私用。但是华罗庚一家人严格遵循规定，从不以权谋私。比如，吴筱之女士外出，碰上恶劣天气时，她仍然坚持乘坐公交车。吴筱之心地非常善良，经常接济、救助经济条件不好、有困难的亲戚朋友。后来，在整理母亲遗物时，子女们发现了不少接济别人钱物的邮报底单。其中，大多是寄往故乡金坛的。

六、做人自强不息，做事情有始有终

华罗庚经常教育子女“做人要自强不息”“做事情要有始有终”。次子华陵说：“父亲有时会和我们玩一种拼图游戏，切割成各种形状的数百块硬纸块，正确摆放后拼出一美丽的图形。他一旦参加进去，拼不完就不停手，有时拼到半夜，大家劝他睡觉，他却说：‘谁又把这个图拿出来的？害得大家不能睡觉!’并教导我们干什么都要有始有终，不能半途而废。”

年轻时华罗庚身染伤寒，病势垂危。那时华罗庚只有19岁，在那迷茫、困惑、近乎绝望的日子里，他想起了著名兵法家孙膑的故事。他自言自语道：“古人尚能身残志不残，我才只有19岁，更没理由自暴自弃，我要用健全的头脑，代替不健全的双腿!”白天他拖着伤腿，忍着关节剧烈的疼痛，拄着拐杖一颠一颠地劳动。到了晚上，他在油灯下自学到深夜。青年华罗庚靠着常人难以想像的毅力和命运做顽强抗争，自强不息。

华罗庚的努力有了回报，他的论文在《科学》杂志上发表了。也正是这篇论文，惊动了清华大学数学系主任熊庆来教授。熊庆来看出了华罗庚在数学上的天赋，于是力排众议，聘请初中文凭的华罗庚任清华大学算学系办公室助理员。熊庆来还允许他旁听大学的课程，从而为他从事数学研究创造了良好环境。

中华人民共和国成立后，华罗庚一直用两手抓教学。一手抓理论数学和培养数学人才；一手抓应用数学。在统筹法和优选法上，他动员千百万人学会运用“双法”，使数学成了“千百万人的数学”。为了推广“双法”，他顾不上腿疾，经常带领小分队到各省去宣传。1975 年夏，在一次推广“双法”时，华罗庚突发严重的心肌梗塞，生命垂危。为此，中央专门派了 301 医院的心脏专家黄宛大夫前来探病。检查之后，黄宛给中央打报告说：“属大面积心肌坏死，抢救过来的可能性不大。如果抢救过来，大约还能生存十年。”然而华罗庚对生死已经置之度外了，早就有了“慷慨至此生”“何必马革裹尸还”的壮志。没想到这种豁达的心态奇迹般地使华罗庚又活了十年。大病康复之后，华罗庚不听劝阻，又立刻投入紧张的工作中去了。

正是在这种“做人要自强不息，做事应有始有终”的家风的影响下，华罗庚及其后辈们取得了诸多成就。

延伸阅读

[1] 周宁：《华罗庚：1910—1985》，江苏文艺出版社 1999 年版。

[2] 李景文：《华罗庚传》，河南文艺出版社 2017 年版。

[3] 顾迈男：《华罗庚图传》，广东教育出版社 2011 年版。

继承家学　科学报国：钱学森好家风

钱学森（1911—2009），生于上海，祖籍浙江杭州。世界著名科学家，空气动力学家，中国载人航天奠基人，中国科学院及中国工程院院士，被誉为“中国航天之父”“中国导弹之父”和“中国自动化控制之父”。1934年，钱学森毕业于国立交通大学，之后曾任美国麻省理工学院和加州理工学院教授。1955年，在毛泽东主席和周恩来总理的争取下回国。此后，钱学森先后担任中国科学院力学研究所所长、国防科工委副主任，为我国导弹航天事业的发展做出了许多具有里程碑意义的贡献。钱学森为祖国强盛和人民幸福鞠躬尽瘁，是爱国知识分子的杰出典范。

1911年12月11日，钱学森出生于上海，是家中的独生子。钱家是一个很有社会声望的家族，据考证他们是吴越国王钱镠（852—932）的后代。钱氏家族历代名人辈出，如唐代大诗人钱起、宋末画家钱选、明末钱谦益、清代藏书家钱曾和史学家钱大昕等。到了近代，钱家更是涌现出了诸多人才，除钱学森外，还有钱玄同、钱穆、钱锺书、钱三强、钱伟长、钱正英、钱其琛等。粗略统计，吴越钱氏的后代当中，仅当代国内外科学院院士以上的就有一百多位。此外，钱家子孙遍布五大洲，还出了许多的政治家、文学家、历史学家。

一、《钱氏家训》代代传

钱学森是钱氏家族的第三十三代子孙。从第三十代起，钱氏家族启用家谱——“继承家学，永守箴规”。这八字箴言成了钱家的家训家规，子孙命名皆照此排序，如“学”字辈的有钱学森、钱学榘等，“永”字辈的有钱永健、钱永刚、钱永真等。钱氏家族之所以人才辈出，这与他们恪守家学箴规有很大关系。

据传，在钱氏家族，每当新生儿诞生之时全家人就会聚在一起，释读祖先留下来的这份家训。钱学森的父亲钱均夫就曾说过：“我们钱氏家族代代克勤克俭，对子孙要求极严，也许是受祖先家训的影响吧。”可以说《钱氏家训》是一篇无价的家学宝典，更是钱家历代先祖留给子孙的精神遗产。现摘录内容，大致如下：

1. 个人部分

心术不可得罪于天地，言行皆当无愧于圣贤。曾子之三省勿忘，程子之四箴宜佩，持躬不可不谨严，临财不可不廉介，处事不可不决断，存心不可不宽厚。尽前行者地步窄，向后看者眼界宽。花繁柳密处投得开，方见手段。风狂雨骤时立得定，才是脚跟。能改过则天地不怒，能安分则鬼神无怨。读经传则根柢深，看史鉴则议论伟，能文章则称述多，蓄道德则福极厚。

2. 家庭部分

欲造优美之家庭，须立良好之规则。内外门窗整洁，尊卑次序谨严，父母伯叔教敬欢愉，妯娌弟兄和睦友爱。祖宗虽远，祭祀宜诚；子孙虽愚，诗书须读，娶媳求淑女勿计妆态，嫁女择佳婿勿慕富贵。家富提携宗族，置义塾与公田；岁饥赈济亲朋，筹仁浆与义粟。勤俭为本，自必丰亨。忠厚传家，乃能长久。

3. 社会部分

信交朋友，惠普乡邻。恤寡矜孤，敬老怀幼。救灾周急，排难解纷。修桥路以利人行，造河船以济众渡。兴启蒙之义塾，设积谷之社仓。私见尽要铲除，公益概行提倡。不见利而起谋，不见才而生嫉。小人固当远，断不可显为仇敌。君子固当亲，亦不可曲为附和。

4. 国家部分

执法如山，守身如玉，爱民如子，去蠹如仇。严以驭役，宽以恤民。官肯著意一分，民受十分之惠。上能吃苦一点，民沾万点之恩。利在一身勿谋也，利在天下者必谋之；利在一时固谋也，利在万世者更谋之。大智兴邦，不过集众思；大愚误国，只为好自用。聪明睿智，守之以愚；功被天下；守之以让；勇力振世，守之以怯；富有四海，守之以谦。庙堂之上，以养正气为先。海宇之内，以养元气为本。务本节用则国富；进贤使能则国强；兴学育才则国盛，交邻有道则国安。

二、受益终身的家庭教育

钱学森从小就接受了优良的家教，良好的家庭教育使他受益终生。

优良的家教

钱学森的父亲钱均夫，早年就读于杭州求是书院（浙江大学前身），是个品学兼优的学生。1902 年钱均夫留学日本，在东京弘文学院学习。1904 年他考入日本东京高等师范学校，学习教育学、地理、历史，以施展其“兴教救国”的抱负。留日期间，他接受了孙中山的民主革命思想。1910 年，钱均夫回国并在上海成立劝学堂，传教热血青年，投身民主革命。之后，他担任了浙江省立第一中学校长，不久便到教育部任职，同时兼任浙江省教育厅厅长等职。钱均夫忠厚善良，博学多才，重视对子女的早期教育，被钱学森视为第一位老师。

钱均夫教育既严格又得法，从小注重培养儿子的优良品质、广泛兴趣、治学精神和博大视野。在培育优良品质方面，他让钱学森努力做到按时作息、有序进学、思维有条理、按计划做事、谦诚做人、励志报国、不畏艰险、心志坚毅等；在兴趣方面，他使钱学森逐渐对纸折飞机、蝴蝶标本、精准飞镖、音乐绘画、郊游识矿、博览群书、世界宇宙、英雄豪杰等产生兴趣；在治学精神方面，他使钱学森逐渐做到既爱科学又爱艺术，玩中求知、勤学好问、敏于观察、精于思考、发问万物、格物致知；在扩大视野方面，他介绍西方科学、天文地理、东方文化、文史哲政、古今经典、诗词歌赋、美学艺术、治国方略等方面的知识给钱学森。

钱学森赴美留学前夕，钱均夫更是为他写下庭训："人，生当有品：如哲、如仁、如义、如智、如忠、如悌、如教！吾儿此次西行，非其夙志，当青春然而归，灿烂然而返！乃父告之。"寥寥数言，即成训导。秉承庭训的钱学森在学成之后冲破重重阻力，回到百废待兴的新中国，带领着年轻的科研队伍夙夜奋斗，终成"中国航天之父"。钱学森十分感激父亲的良好教育，他回忆说："我父亲钱均夫很懂现代教育，他一方面让我学理工，走技术强国的路；另一方面又送我去上音乐、绘画等艺术课。"

身教胜于言教

受到深厚家学熏陶，钱学森和妻子蒋英也十分注重和善于对孩子们进行家庭教育。蒋英是著名军事家蒋百里的三女儿，是位声乐教育家、女高音歌唱家，她在中华人民共和国成立后担任中央音乐学院教授。钱学森和蒋英在婚后育有一对子女，分别是钱永刚和钱永真。钱学森夫妇认为，那些所谓的大道理老师们都会讲，因此他们更加注重“身教”，用自己的行动为孩子树立榜样。

在钱永刚的记忆中，父母从来没有告诉他应该如何如何，或是不应该如何如何。也许是父母“管束”太少的缘故，等到钱永刚服兵役时他还在想：“父母怎么什么都不管，作为父母的他们是否有些失职呢?”为此，有一次他还问过母亲：“别人家的父母都告诉孩子该怎么怎么做，你们怎么什么都不说呢?”母亲笑着回答：“你从父母那里听到该怎么做当然是一种途径，而你从父母身上看到该怎么做不也是一种途径吗?”钱永刚心想：“也是啊，平时自己在父母身上看到的优良品质和好的行为太多了，已经不知不觉地受到影响了。”

在学习成绩上，钱学森夫妇对孩子们从不苛求。钱永刚说，他小时候的成绩单并不漂亮，那时是 5 分制，他总有几个 4 分。但父母看后只是笑笑，从来不说“再努把力，考个满分”。在他们看来，丢个一分半分很正常，硬让孩子拼出满分实在太累，而且也没必要。上初一那年，班主任把钱永刚叫到了办公室，说道：“看看你的成绩单有什么问题吗?”他看了半天没有看出什么。老师说：“这就是你的问题，对自己要求不高，像你这样的家庭，应该消灭 4 分，全拿 5 分。”吃晚饭的时候，钱永刚跟父亲说起这事。听完之后，父亲一句话都没说，只是呵呵一乐就走了。那年期末考试，钱永刚果真考了满分，心想这次一定会得到父亲的表扬。谁知父亲看后却哈哈一笑，说道：“以前也不错的。”钱永刚觉得这亏吃大了，为了考满分，他少读了多少课外书啊。

三、海外赤子五年抗争，终归祖国

中华人民共和国成立后，钱学森夫妇决定回到祖国，但回国之路充满坎坷，历经五年的艰苦抗争，他们才最终回到祖国。

五年归国路

1949 年 10 月 1 日，中华人民共和国在庄严的礼炮声中诞生了。此时，正在美国加州理工学院喷气式飞机站工作的钱学森异常激动，他在内心坚定地说："为祖国服务的时候到了！"他一方面加紧了回国的准备，一方面对妻子说："祖国已经解放，我们该回去了。你现在正在怀孕，行动不便，等孩子生下来，我这个学期的书刚好教完，那时我们就回祖国去。"蒋英完全赞同丈夫的决定，表示全力支持。

钱学森要回国的消息一时间传开了，有不少中国留学生劝他："祖国刚解放，要钱没钱，要设备没设备，现在回去搞科学研究，只怕有困难。"然而钱学森并不以为意，答道："我们日夜盼望着的，就是祖国能够从黑暗走向光明，这一天终于来到了。祖国现在是非常穷，但需要我们大家共同去创造。我们是应该回去的。"

实际上，钱学森早就做好随时回国的准备了。虽然他归心似箭，但现况令他不敢贸然行动：自己为美国军界服务多年，接触了许多军事技术核心机密，美国军方绝不会让他轻易离去。正如钱学森所预料的那样，他要求退出美国国防部空军科学咨询团的愿望直到 1949 年才得以实现。而他兼任的美国海军炮火研究所顾问的职务，也是在 1949 年秋才辞去的。

钱学森的回国之路充满崎岖坎坷。美国海军部次长丹尼尔·金布尔拒绝了钱学森的请求，他气急败坏地说道：“绝不能放走钱学森！不论在哪里，他都抵得上五个师！”不久，钱学森就被美国当局扣留了，直到 1955 年才被允许回国。在被扣押的五年，钱学森的精神受到极大摧残。联邦调查局的特务日夜监视着他，拆检他的信件，监听他的电话，还不时打来电话，假装找人，借此核实他是否在家。这种不间断的骚扰，令他不能安心工作与休息。

五年的软禁生活，消磨不掉钱学森夫妇回国的决心。在这段最为阴暗的时间里，钱学森和蒋英相濡以沫，相互扶持。钱学森经常吹一支竹笛，妻子蒋英则弹一把吉他，他们一起演奏 12 世纪的古典室内音乐，借以排解内心的寂寞和烦闷。虽然竹笛和吉他产生的音效并不和谐，却是钱学森夫妇情感的共鸣。它象征着一种力量，代表着一种不屈的意志和品格。

在回忆那段生活时，蒋英不无感慨地说：“我的精神上是非常紧张的，为了不使钱学森与孩子们发生意外，也不敢雇用保姆。一切家庭事务，包括照料孩子、买菜烧饭，都不得不由我亲自动手。那时候，完全没有条件考虑自己在音乐方面的事，只是为了不荒废所学，依然在家里坚持声乐方面的锻炼而已。”

故乡是中国

1955年，在党和国家的不懈努力下，钱学森终于可以回国了。得到消息的钱学森夫妇异常激动，马上定了回国的船票。离开之前，一家人前往冯·卡门教授的住处，辞别钱学森的恩师。分别之际，师生难舍之情溢于言表。蒋英搂过两个孩子，动容地说："永刚、永真，给爷爷唱一首歌好不好?"两个孩子点点头。冯·卡门亲切地问道："我的小天使，你们要唱什么歌呀?"小永刚用流利的英语回答道："我们唱《快乐的小白鸽》。"接着，兄妹俩一起用英语唱道："聪明美丽的小白鸽，活泼又快乐。飞到东，飞到西，咕咕，咕咕，嘴里唱着歌。不怕风，不怕雨，飞过高山，越过大河，它们要飞回故乡，它们要飞回祖国……"这首由蒋英创作的歌曲情义深切、悦耳动听。

"你们的祖国在哪里呀?"冯·卡门亲切地问兄妹俩。

"在中国呀。"永刚高兴地回答说。

"不，不。我的小天使，你们搞错了吧。我记得你们俩的出生地，是在美国的洛杉矶呀!"冯·卡门打趣道。

"不，我的爷爷生在中国，是中国人，所以我的祖国是中国。"永真抢着回答。永刚也不示弱，他补充说："我爸爸的老家是杭州，所以我的故乡是杭州!"

"噢，原来是这样啊！爷爷好像明白了。"冯·卡门眨了眨眼睛，又说道："你们这一对小白鸽要飞回故乡，飞回祖国了，只是爷爷再也听不到你们唱歌了。"

"爷爷想听我们唱歌时，就到我们中国去听吧!"

老人感慨颇深，被钱学森一家的爱国之情深深地打动了。1955 年 10 月，钱学森一家终于回到了祖国的怀抱。他带领全家来到天安门广场，注视着鲜艳的五星红旗，感慨道："我相信我一定能回到祖国，现在我终于回来了。"

四、学习知识，贡献社会

注重读书学习是钱家优良的家风之一。钱学森的父亲钱均夫在国学上有着很深的造诣，他对《论语》《孟子》等著作都进行过深入研究，写有不少见解精辟的论著。受到父亲的影响，钱学森从小就对读书产生了浓厚的兴趣。3 岁的时候，钱学森就能背诵百首唐诗宋词，甚至一些启蒙读物，如《增广贤文》《幼学琼林》。有时候钱学森读书到了一种痴迷的程度，一边吃着饭一边看书，连头都不抬一下。为此，母亲必须把别的菜换到他的面前，要不然他总是夹面前那一盘菜。

随着年龄的增长，钱学森对知识的渴望越来越强烈。以前那些浅显的儿童读物已不能提起他的兴趣了，他开始将目光转向父亲的大书橱。由于他年龄太小，有些书看不太懂，只好向母亲请教。母亲就挑选一部分她认为儿子看得懂的书给他看，并认真地给他讲书中的故事。在钱学森刚满 5 岁的时候，他就通读了《水浒传》，书中刻画的英雄形象令他十分着迷。

有一次，钱学森问父亲："《水浒传》中的一百零八个英雄，原来是天上的一百零八颗星星下凡来到人间的。那么，人间的大人物，干大事的，是不是都是天上的星星啊?"父亲笑着对他说："《水浒传》是人们编的故事。不过，所有的英雄与大人物，像岳飞啊，诸葛亮啊，还有现在的孙中山啊，都不是天上的星星，他们原本都是一个普通的人。只是他们从小就热爱学习，都有远大的志向，而且还有决心和毅力，不怕困难，不断前进，因此就做出了惊天动地的事情。”

钱学森大受鼓舞，高兴地说：“英雄如果不是天上掉下来的，那我也可以做英雄了!”“你也可能成为英雄。可是，必须好好读书，努力学习，贡献社会。”钱均夫说道。在此后的日子里，钱均夫又多次向儿子讲“学习知识，贡献社会”的道理，这八个字成了钱均夫的家训，也影响着钱学森一生的奋斗与追求。

钱学森的儿子钱永刚回忆，注重读书学习是钱家的家风。但是父母从未教过自己如何读书，有关读书的要义，他是从父母处观察来的。他说：“父母做学问，讲究持之以恒，不功利，不着急，讲求一点一点积累，积累到一定份上，你不想让它起作用都不行。”他的父亲就是这样学成的，他不是天才，没有跳过级，一年一年的书读下来，直到念完博士。所有的积累，终于将他的创造思维彻底激活。

由于长期受父母的影响，钱永刚自幼喜爱读书。刚上小学二年级时，他就天天抱着“大部头”看。有一年暑假，《十万个为什么》刚刚出版，父亲就让他每天看 70 页，不明白的问题攒着，等他有空时问他。他说：“父亲从未如此明确地对读书提过要求，这回是个例外。”所以钱永刚很重视，一天看 70 页挺紧张的，因为毕竟不是读小说，要完全看懂还真不容易。到了周末，父亲问他有什么问题，钱永刚赶紧把做了标记的问题提出来，由父亲帮忙解答。

钱永刚说，父亲身为大科学家，早已名闻四海，功成名就，然而每天只要有时间就会看书学习。在他的印象中，每逢到了盛夏季节父亲常常是一边摇着芭蕉扇，一边看书做笔记，这种情景令他一生难忘。

五、乐善好施

乐善好施也是钱家显著的家风。钱学森的母亲章兰娟，是个乐善好施的贤德女性，非常同情下层市民的疾苦。当时，钱家在北京是独居的大四合院，与他们相邻的常是一些贫困的下层人士。钱学森经常看到，自家那扇黑漆大门，常常被求借的邻居敲开，而母亲总是温和地、热情地接待这些穷朋友。家中有的，尽管借去，借去的钱粮，确实无力偿还的，母亲决不再提起。钱学森说："我的母亲是个情感丰富、淳朴而善良的女性，而且是个通过自己的模范行为引导孩子行善事的母亲。母亲每逢带我走在北京大街上，总是向着乞讨的行人解囊相助，对家中的仆人也总是仁厚相待。"

母亲的一言一行给钱学森做了最好的示范，她的慈爱之心对钱学森产生了深远的影响。1956 年，钱学森凭《工程控制论》一书获得一万元奖金，但他并没有用来改善生活，而是拿去购买政府公债。等国债到期之后，他连本带息全部捐给了中国科学技术大学。后来，校方用这笔钱为每位贫困学生购买了一把计算尺。原来，《火箭技术概论》是钱学森的教学课程，当看到不少学生因买不起计算尺而花费太多的精力时，他感到十分心疼，所以决定让每位学生都拥有一把。钱学森热爱艺术，颇喜爱西方的油画。但是他从不舍得买来一幅，而是把讲学得到的外汇拿回来捐给中国科学院，他自己不留一分。

钱学森的妻子蒋英也非常善良，乐于助人。回国以后，蒋英任教于中央音乐学院。而她教书、教学生历来是不收钱的，不仅不收钱，有时候还要倒贴。有一次，她的学生傅海静获准去英国参加一个声乐比赛，但是傅海静无力支付参加比赛的费用。这件事情被蒋英知道后，她就给了傅海静 300 块钱，并对她说："你拿着，去置一身西服，买双鞋。歌要唱得好，形象也要注意嘛。"

上世纪八十年代，内蒙古自治区无伴奏合唱团来到北京演出。演出效果并不理想，结果收入很低，以至于合唱团成员连住宿都成问题。蒋英知道后立即把永刚叫来，对他说："今天你给我办个事，去银行取 1200 块钱，取出来送到学校。"那时候，1200 块钱可是一笔巨款。蒋英却大方地用这笔钱帮助了合唱团，使他们顺利渡过了难关。

钱永刚记得，那时候他经常出入中央音乐学院。不过他去那里并不是去玩儿，而是按照母亲蒋英的要求给别人送钱。至于母亲都帮了谁，有的他知道，有的他也不是很清楚。改革开放以后，西方声乐再度得到社会认可。蒋英是这方面的知名教授，因此上门求学的人很多。但无论是谁，在家里还是在学校，对于求教的学生，蒋英从来不收一分钱。钱学森对妻子的这种做法评价很高，他说："老师教学生，天经地义。"

六、做一个朴实、谦逊的人

在为人处世上，钱学森及其家人都十分朴实和低调。钱学森回国后一直住在公寓房里直到去世。而在回国的五十四年间，他们也只搬过一次家。

在上世纪九十年代，国家准备给钱学森盖一座带院子的小楼，方便他在院子里晒晒太阳，散散步。但是钱学森谢绝了这种特殊待遇，他说："我现在的住房条件很好，这已经脱离群众了，我常常为此感到不安，我不能脱离一般科技人员太远。"后来秘书告诉钱学森，现在科学家的住房条件大有改善，很多人的住房都比他宽敞。钱学森却说："我在这住了几十年，习惯了，感觉很好，以后不要再提这个问题了。"蒋英在中央音乐学院当教授，有许多分房的机会，而她也都让给了别人。

钱学森、蒋英夫妇平易近人，无形当中也影响了孩子们。钱永刚说，小时候，每到过年母亲都会给父亲的秘书、司机、警卫员送去过年礼物。起初永刚不理解母亲的做法，直至后来发生的一件事情改变了他的看法。那时候，他们家有一名炊事员，不满 15 岁就出来做学徒，没有读过书。然而他做菜极有方法，在学做菜的过程中，每当有了心得体会他就用象形符号写在笔记本上。钱永刚觉得自己比炊事员有文化，尽管炊事员的饭做得很好，却总是低看对方。一天，炊事员和钱永刚聊天，说："永刚，你也是读书识字的，问你个问题，为什么你爸爸妈妈在吃饭的时候穿的衣服都很整齐?"这个问题还真的一下子把他问住了，他心想："的确是这样。即使是大热天，父亲也从不穿背心和拖鞋出来用餐的。"他坦承自己不知道，回答不上来。炊事员接着说："这是你父母对我们这些为他服务的工作人员的尊重啊!"炊事员的话让钱永刚感受颇深。父母朴实谦逊的做人态度，直接影响到钱永刚的待人接物。这种谦和和朴实的家风在钱家世代相传。

延伸阅读

[1] 张纯如：《蚕丝：钱学森传》，中信出版社 2011 年版。

[2] 顾锋：《大成君子：钱学森》，九州出版社 2017 年版。

[3] 顾吉环：《科学道德：钱学森的言与行》，国防工业出版社 2015 年版。

学行笃实　大爱无声：邓稼先好家风

邓稼先（1924—1986），中国科学院院士，著名核物理学家，中国核武器研制工作的开拓者和奠基者。1941年，他考入西南联合大学物理系。1948年至1950年，邓稼先在美国普渡大学留学，获得物理学博士学位，毕业后毅然回国。回到祖国后，邓稼先成为我国核武器研制与发展的主要组织者、领导者，带领科学技术人员，成功地设计了中国的原子弹和氢弹。他于1982年获国家自然科学奖一等奖，1985年获两项国家科技进步奖特等奖，1986年获全国劳动模范称号，1987年和1989年各获一项国家科技进步奖特等奖。1999年他被追授“两弹一星功勋奖章”。

邓稼先作为著名的核物理学家和我国核武器研制工作的重要成员，他把大量的时间和精力都花在了核武器的研发上，为我国“两弹一星”事业的成功开展付出了大量的心血。同时，他高尚的品行也深深地影响了家人，形成了为国奉献、注重教育和艰苦朴素的家风。

一、兼收并蓄，中西合璧的家教传记

邓稼先出生在书香世家，其兼收并蓄、中西合璧的家教对其一生产生了巨大的影响。

学行笃实

1924 年 6 月 25 日，邓稼先出生在安徽省怀宁县白麟坂村邓家的“铁砚山房”。邓家是书香世家，历代家族成员中出了不少名家。“铁砚山房”是邓稼先六世祖邓石如故居，建于乾隆六十年（1795 年）。邓石如是清代书法家、篆刻家。他生于寒门，17 岁后，开始以书刻生活；30 岁后，遍观南京梅家收藏的金石善本，凡名碑名帖总要临摹百遍以上，朝夕不辍，书名大振。乾隆皇帝八十岁寿辰之际入京城，邓石如的书法享誉书坛，他的四体书法被推为清代第一。

邓传密是邓稼先五世祖，邓石如之子，也是一位书法家，毕生搜集父亲的遗墨、金石，并以唐人双钩之法摹之，晚年主讲于石鼓书院。其后，邓家代代都会涌现出学术造诣很深的人物。

邓仲纯，为邓稼先二叔，职业医生，侠肝义胆，古道热肠，老舍视他为好友。邓仲纯与陈独秀是同乡世交，情同手足。

邓稼先的母亲王淑蠲女士，聪颖贤淑，是大家闺秀。但是自嫁到邓家以后，农活家务她都勤于操作，不辞辛苦。她为人宽厚，从不与人口舌，也不在背后讲人是非；她古道热肠，还常常把陪嫁的布匹送佣人们做衣服。

邓稼先的父亲邓以蛰，字叔存，自幼接受父辈的严格家教，苦读诗书，工画山水。长大后他还东渡日本留学，在早稻田大学攻读文学，之后赴美国哥伦比亚大学攻读哲学。1913 年邓以蛰学成回国，被聘为北京大学哲学系教授。邓以蛰学贯中西，兴趣广泛，是著名的美学家和美术史学家。在教育子女方面，他亦注重兼收并蓄、中西合璧。尽管邓以蛰受过日美文化的熏陶，但他的身上依然可见许多儒家思想。他认为，儒家思想中有关伦理道德的一些部分很有道理，合乎人情。在邓稼先的印象中，父亲是知识渊博的学者，他的头脑中深藏着渊博的知识，外表却显得平易随和。在学校他是一位严谨治学的教授，在家中则是一位慈祥的父亲。在学习和行为规范上，他对邓稼先要求严格；在生活和爱好上，则对邓稼先相当宽松。

邓氏家族“潜德不耀”的品行、“学行笃实”的学业精神世代相传，影响着邓稼先的一生。

读书人的“三不朽”

邓以蛰喜欢京剧，他经常带着儿子去剧场看剧。长时间的熏陶之下，像《武松打虎》《林冲夜奔》和《野猪林》等水浒戏中人物形象，深深地镌刻在邓稼先的心中。不到

5 岁时，小稼先就开始念书。不久他就被送进一家私塾，正式接受旧学教育，后来他又接受了新式教育。在新学堂里，他学国文、算术、手工、常识等课程，放学回家后再接着背《诗经》《左传》《全唐诗》等。

邓以蛰注重开发稼先的智力，面对求知欲很强的儿子，他总是耐心地回答儿子的各种问题。他还从多方面启迪稼先，使儿子懂得人与人、人与大自然的关系。他经常对稼先说："人活在世界上，不光要和自家的人一起生活，还要和周围的人和睦相处。不仅要和人交往，还要和其他存在于我们周围的一切生物交往。像树呀，草呀，水里的鱼呀，天空飞的鸟呀，都是我们的朋友，千万不要随便伤害它们。"

1929 年，邓稼先进入北京市武定侯小学读书。在邓稼先走进学堂的前夕，父亲把他带进书房，说道："稼先，明日你就要上学读书了，你将要成为读书人了。古代讲读书人应有'三不朽'，你知道这'三不朽'是什么吗?"小稼先摇摇头。邓以蛰接着说下去："这'三不朽'就是立不朽之德，立不朽之言，立不朽之功'。先说立不朽之德。一个人上学读书要长知识，更重要的是修养美德。倘若能将自己一辈子的美德一代一代流传给后人，就叫作立不朽之德。再说立不朽之言。读书人要虚心学习先人留下来的知识，但是，又不能人云亦云，要有自己的见解和主张，并把正确的见解流传给后代，让后人学习。这就是立不朽之言。最后是立不朽之功。一个人读了书，增长了知识，也增长了本领，就要用自己学到的知识和本领为社会做一些好事、益事，为后人造福。此乃立不朽之功也！不朽者，永生、永存也。我儿应该将做‘三不朽’之人当做自己读书做人的目标。”小稼先听后点点头，深有感悟，牢牢记住了父亲的教诲并终生践行。

1933 年至 1934 年，邓以蛰应邀出访英、法、德等西欧六国。出访期间，他对西方的先进教育留下深刻印象。后来他给夫人王淑蠲写信，他说：“教育小孩子当耐心、细心，且要循循善诱，因为我们是小孩子的亲爱父母，并非他们的阎王……”此外，邓以蛰还为儿子买来许多外国名著，诸如莫泊桑、屠格涅夫、陀思妥耶夫斯基的著作以及盖达尔的童话故事等。

父子二人还经常一起边读边议。例如童话《丘克和盖克》结尾中有这样一段话：“什么是幸福？每个人有自己的见解。但是，所有的人们在一起，都知道和了解：应该正直地生活着，辛勤地劳动，并且热爱和卫护着被称为‘祖国’的广大的幸福的土地……”邓以蛰不止一次地把这段名言读给儿子听，让他永远牢记在心。从这以后，这段名言就成了邓稼先思想启蒙的先导，也成为他一生的座右铭。

二、热爱祖国，为国奉献

邓稼先对祖国非常热爱，学成之后放弃了国外优越的生活和科研条件，毅然回到祖国，用自己的知识为国家做出了巨大贡献。

爱国家风

热爱祖国、无私奉献是邓稼先家风的鲜明特点。1937

年爆发卢沟桥事变，揭开了中国全面抗战的序幕。中国共产党领导的八路军、新四军在前线浴血奋战，许多仁人志士在后方以各种方式动员民众支援前线，宣传抗战。如京剧大师梅兰芳先生，拒绝为日寇演出，蓄髯明志；著名艺术家程砚秋，还乡务农。

在民族存亡的关键时刻，邓以蛰教授表现出了高尚的民族气节。他虽然因患肺病未能随北京大学南迁，但也放弃了优裕的生活，远离了魂牵梦绕的讲坛。一家人隐居在北沟沿的四合院里，过着十分清贫的生活。在这段最艰难的岁月里，邓夫人不辞辛劳，担起了相夫教子的重担，还在后院开出一块菜地，种上常吃的菜蔬，浇水、施肥、松土，样样辛劳。

在此期间，有件事令邓稼先一生难忘。在北平沦陷后，父亲邓以蛰的一位朋友投靠了伪政府，领取着日伪政权的薪饷。没过多久，这位朋友夹着伪政府的公文包来到邓以蛰家。这天，邓稼先在家复习功课，不久就听见了父亲的斥责声："你是干什么来了？你给我滚出去！"只见那人狼狈不堪地夹着公文包溜走了。邓稼先还是第一次见到父亲发这么大的火，于是他来到书房，小心地问道："爸爸，为什么这么不高兴？"邓以蛰余怒未消，愤慨地说："真是一个不知羞耻的东西！他竟然举荐我到伪政府里去做事。这种人拿了人家的钱，就给人家当走狗。"在父亲的影响下，少年邓稼先也逐渐树立了高尚的爱国主义情操。

当时，日本宪兵队规定：凡是中国老百姓从日本哨兵前走过，都必须向"皇军"行鞠躬礼。邓稼先对这一规定义愤填膺，他说："中国国土虽然沦陷，但是中国人的民族尊严不可辱!”他每天上下学，宁肯绕路走，也不在日本强盗面前弯腰。

日军每攻下一座城市后，都会强迫市民游行庆祝他们所谓的胜利。有一次，邓稼先实在无法忍受心中的屈辱，当众把日本国旗撕得粉碎，扔在地上狠狠地踩了又踩，说道：“这简直是奇耻大辱。”他的这一举动被日伪安插在学生中的狗腿子发现，并被告发到了他就读的中学。万幸的是，这所中学的校长是邓以蛰的朋友。校长急匆匆赶到北沟沿邓家，忧心忡忡地说：“邓先生，稼先的事情我只能搪塞一时，如果没有处理结果，恐怕日方不会答应，到那时就不好办了。”不能在北平继续待下去了！家里决定让邓稼先远赴昆明，继续求学。

临行前，父亲对邓稼先说：“以后你一定要学科学，学科学对国家有用。”这句话被他牢牢记在脑海里，成为他毕生的追求。在即将告别之际，邓稼先对弟弟说了一句话：“毛弟，我现在只有仇恨，没有眼泪。”这句掷地有声的话表明，邓稼先已经成为一个爱国主义者。就这样，16 岁的邓稼先被迫离开家，怀揣着救国的理想和对侵略者的满腔仇恨，踏上了科学救国之路。

科学报国

1940 年的春末夏初，邓稼先辗转多地终于抵达昆明。他被安排在四川江津国立九中读高三。1941 年，邓稼先以优异的成绩考入国立西南联合大学物理系。西南联合大学被后人誉为战火中的教育奇迹，也是当时中国的最高学府。而在物理系，更是汇集了众多知名专家和教授。在这里，名师严教使邓稼先大获裨益，他读书的劲头比中学时期更强烈了。

1948 年，邓稼先前往美国留学深造。他留学海外的目的并非镀金，而是为了学成后更好地为祖国服务。来到美国后，他选择了核物理专业，后来进入普渡大学研究生院攻读博士学位。1949 年 10 月，中华人民共和国成立了！在得到这一喜讯后，邓稼先激动不已，于是写下了一首抒情长诗：

当一场暴风雨过后，祖国已迎来灿烂的黎明。
红旗随朝霞升起，百鸟在枝头欢鸣。
而我们这里，却夜幕垂空，灯火通明。
母亲啊，你可听到我们的欢唱，
你可听到我们的心声。
我们已经采撷了无数鲜花，我们已握有知识利器，
我们已结成友谊的联盟。
这一切，都为了你，母亲！
让太平洋的波涛，为我们铺路；
让天空烂漫的云霞，为我们架起长虹，
我们就要回到你身边，祖国啊，母亲！

在美国读书期间，邓稼先刻苦钻研，仅用 23 个月的时间就完成了题为《氘核的光致蜕变》的博士论文。1950 年 8 月 20 日，邓稼先获得博士学位。由于此时邓稼先才 26 岁，因此被人称为“娃娃博士”。他的导师德哈尔教授告诉他，准备带他去英国继续研究。这是许多人梦寐以求的

机会，它意味着邓稼先能够站在核物理学发展前沿阵地，使用具有世界一流水平的科研技术设备。但是邓稼先并未感到惊喜，因为此时他最想做的就是尽快回到祖国，将学到的知识运用到新中国的科学事业中去。拿到学位后第九天，邓稼先毅然放弃了优越的条件，怀揣科学报国的豪情壮志回到了祖国，开始了辉煌灿烂的一生。

“君视名利如粪土，许身国威壮河山”

1950 年 10 月，邓稼先回到祖国后，被安排在中科院近代物理研究所工作。1953 年，邓稼先和许鹿希女士结婚，婚后生下一对儿女。1956 年，邓稼先光荣地加入了中国共产党，这段时间也成为他一生中最快乐的时光。

1958 年 8 月，时任二机部（核工业部）副部长的钱三强找到邓稼先，说“国家要放一个‘大炮仗’”，征询他是否愿意参加这项必须严格保密的工作。这个“大炮仗”，指的就是原子弹。邓稼先明白，如果参加这项工作，他必须隐姓埋名，不能发表学术论文，不能公开作报告，不能出国，不能随便与人交往，不能说自己在哪里，更不能说在干什么。真可谓是“上不告父母，下不告妻儿”。但是为了使国家强大起来，他义无反顾地接受了这项艰巨的任务，同中国的核武器事业紧密地联系在一起了。

从这以后，邓稼先消失在了亲戚朋友的视线里，开始了长达 28 年隐姓埋名的生活。在这段时间，甚至连妻子都不知道他在哪里工作，每天在做些什么。1964 年 10 月 16 日，我国的第一颗原子弹顺利地在沙漠腹地炸响。1967 年 6 月 17 日，我国又成功爆炸了第一颗氢弹。正是以邓稼先为代表的中国核武器研制工作者，让这朵蘑菇云升腾而起。但是他不能发表感言，不能对外分享无比激动的心情，只能默默无闻。不过邓稼先并不以此为意，他曾说过：“研制核武器是中国人民的利益所在，我们要甘当一辈子无名英雄，还要吃苦担风险。但是，我们为这个事业献身是值得的。”

在实验原子弹爆炸之前，邓稼先的母亲病危。许鹿希找到邓稼先的领导，希望他能够通知邓稼先尽快回到北京。可她得到的答复是：“什么事情也等过了这段时间再说。”许鹿希根本不知道这段时间是什么意思，她说：“这段时间怎么了？”领导又回答：“我们会尽快通知他的。”原子弹成功爆炸后，党委书记刁君寿来到邓稼先的身旁，递给他一张回北京的飞机票，惋惜地说：“你母亲病危，赶快回去吧。”当他回到北京时，母亲已经处于弥留之际，只能微微睁开眼睛。然而在她失神的目光中，似乎透着一丝安慰、一丝欣喜。不久，母亲就辞世了，邓稼先悲痛不已。当忠孝不能两全的时候，邓稼先首先考虑的是国家利益，舍小家顾大家，毫无怨言。其热爱祖国、为国奉献的精神令人感动！

由于长期从事核武器研究与实验，邓稼先不可避免地会受到核辐射侵袭，再加上过度劳累，不久就病倒了。然而即使在住院期间，邓稼先也没有忘记工作。他和同事们又做了一件事，这件事情成了他一生中最后一件大事。1985 年至 1986 年期间，邓稼先向中央提出并起草了一份建议书。建议书指出：世界核大国的理论水平已经接近极限，并且他们已经可以达到计算机模拟的程度，不需要进行更多的发展，因此很有可能通过限制别人试验来维持自己核大国的地位。这份建议书意义非凡，正是由于邓稼先敏锐的洞察力，才使我国在核武器发展方面继续辉煌了十年，并使中国终于赶在全面禁止核试验之前达到了实验室模拟水平。

1986 年 7 月 29 日，积劳成疾的邓稼先在北京逝世。临终前，邓稼先依然牵挂着国家的核事业，他生前留下的最后一句话是："不要让别人把我们拉太远……"时任国防部部长的张爱萍将军悼念邓稼先时说："君视名利如粪土，许身国威壮河山。"作为"两弹一星"元勋，邓稼先将才智、精力、荣誉甚至生命，全部献给了祖国的核事业，将对父母、妻子和儿女的爱化为对国家、民族的大爱。

三、默默坚守的爱情

邓稼先和夫人许鹿希青梅竹马，结婚后的生活幸福美满。在邓稼先投身原子弹的研究工作之后，夫妻二人依然默默坚守，相随不渝。

青梅竹马

1953 年，29 岁的邓稼先和许鹿希女士成婚了。许鹿希是五四运动中著名学生领袖许德珩的长女，比邓稼先小四岁。她毕业于北京医学院，专长神经解剖学。在上个世纪三十年代的时候，邓以蛰教授在北京大学和清华大学哲学系任教，而许德珩教授则在北京大学法学系任教。邓家与许家是世交，许德珩先生经常偕夫人到邓家做客，孩子们慢慢地熟悉起来。邓稼先深得许老夫妇垂爱，直到他成了许德珩先生的女婿之后，许老夫妇还是像小时候一般称呼他："邓孩子。"因此，邓稼先与许鹿希可以说是青梅竹马，并最终结为夫妻。

结婚以后，邓稼先夫妇的生活平静而幸福。在回家的路上，总能看到他们一起漫步的身影。在家中，常能看到他们在一起嬉戏玩闹。可以说，两人之间从未因为争吵而面红耳赤过，轻松欢乐是这个小家最常有的氛围。后来，女儿、儿子相继出生，为家里增添了几分温馨。然而，这一切都在邓稼先接到研制原子弹的任务后改变了。

"我是支持你的"

1958 年一个盛夏的夜晚，邓稼先和妻子许鹿希都没睡着。从他进家门开始，妻子就觉察到了他的不同。沉吟半晌之后，邓稼先用一种充满愧疚的语调告诉妻子："我要调动工作了。"至于去哪里、干什么，他却都不能说。许鹿希很疑惑，想要问他能不能不去。邓稼先看出了妻子眼中的不舍，于是坚定地说："我的生命就献给未来的工作了。做好了这件事，我这一生就过得很有意义，就是为它死了也值得。家里的事情就托付给你了。"言外之意就是他将两个孩子、生病的父母和整个家，完全交给了妻子。许鹿希并不知道丈夫要去干什么，但她选择默默承担一切："放心吧，我是支持你的。"多年后，许鹿希回忆起当天的情景，深情地说："就是那天，组织找丈夫谈了话。从那天起，他就承担起了我国原子弹研究的重要任务。"

在刚开始研制原子弹时，邓稼先主持理论物理方面的研究。在这期间，他的工作相对轻松，因而每天都能回家。

在当时，中国的科学事业才刚刚起步，缺少先进的计算工具。然而，国之利器不能有丝毫耽搁，必须要尽快取得理论物理方面的重大突破。据邓稼先的学生胡思得院士回忆，那时候为了完成工作邓稼先常常熬夜到凌晨。等到邓稼先回到北京医学院宿舍时，往往大门都已经关了，他只好先翻过铁丝网，再由胡思得等人把自行车从铁丝网上举过去。等到进入试验物理研究阶段，邓稼先音讯全无，仿佛从人间蒸发了一般。直到 1964 年第一颗原子弹爆炸成功，“出差”了数年的邓稼先才和妻子重聚。

在这段漫长的日子里，许鹿希总是按照丈夫在家时的样子，把屋子收拾得干干净净。这其中寄托的不仅仅是思念，更是默默的支持。结婚 33 年，邓稼先和妻子许鹿希在一起生活的时间仅有 6 年，最后一年还是在医院度过的。许鹿希，这个家学深厚的大家名媛以“我支持你”的承诺，默默地肩负起了家庭的重担，在相随不渝中渗透着相濡以沫的浓浓情愫。邓稼先和许鹿希之间的爱情、亲情，也早就同国家命运和民族利益联系在一起了。

四、温暖、朴实的父爱

邓稼先对子女非常关爱，不仅会全力支持他们求学，还会用合适的方法教育他们为人处事的道理。

欢乐家庭

作为父亲，邓稼先非常疼爱孩子。每天下班后，他的第一件事情便是逗孩子们玩。当女儿刚叫第一声“爸爸”

时，他兴奋得抱着女儿让她“再叫一声”“再叫一声”。到后来他的“要求”不断升级，不断让女儿喊他：“好爸爸”“非常好爸爸”“十分好爸爸”……直到再想不出其他形容词。跟儿子玩耍，同样是他感到非常快乐的事情。

在儿子邓志平六七岁时，父子二人就常常一起在天黑时出去捉蛐蛐。在这时，他就会不断地向志平传授经验。逢年过节，他们就在阳台上放鞭炮，看谁甩得又远又准，清脆的鞭炮声伴随着父子的欢乐声。志平非常调皮，时常会弄得一身脏回去，惹得母亲几句埋怨。这时邓稼先就会为儿子开脱，他笑着说：“孩子嘛，不要管得太死，我小时候也是这样的。”

真正的疼爱

虽然邓稼先非常疼爱孩子，但是从不娇惯溺爱他们。女儿邓志典不到十五岁时，就到了内蒙古建设兵团。一个女孩独自离开家，去往陌生地方，做父母的多少都放心不下。邓志典到内蒙古后，被分配在一家工厂当工人，一干就是四年。在一次试验完成之后，邓稼先利用休假的机会去看望女儿。他给志典带去了几盒肉罐头，那是他在戈壁滩上节省下来的营养品。看着女儿狼吞虎咽的吃相，他的心里觉得一阵苦涩。凭借邓稼先的身份，他可以有很多办法把女儿接回来，但他没有这样做。他选择让女儿品尝一切艰苦，让她能够自立为人。回城之后，志典在一家皮件厂当了一名普通的制作工人。

但在另外一些事情上，邓稼先却倾尽全力帮助儿女。恢复高考后，邓志典决定参加考试。但她从没学过物理，就连老师们都认为她的基础太差，根本没有办法补课。但是邓稼先没有放弃，他利用工作间隙亲自给女儿补课。没有课本，他就骑着自行车去旧书摊上淘，每天晚上给女儿讲物理课，常常讲到凌晨三四点钟。父女俩人一同努力了三个月，终于完成了中学五年的物理课程。

其实，就拿授课这件事来说，对搞尖端科学的邓稼先来说是非常困难的。他曾说过："教中学比教大学难。"有时候外界嘈杂，女儿不能静心学习，这时候邓稼先就送她一首陶渊明的诗："结庐在人境，而无车马喧。问君何能尔，心远地自偏。"女儿心领神会，逐渐克服了外在环境的干扰。1978 年，邓志典终于如愿收到了大学录取通知书。

除了在学业上尽可能帮助和引导孩子，邓稼先更注意培养子女们的品德。在邓志典去美国读研的前一天，邓稼先突然问她："你看过《走向深渊》这部电影么?"这是一部取材于真实事件的影片，讲述了女大学生阿卜莱在欧洲求学期间，因贪图享受而被情报机关所利用，最后她将在火箭基地工作的男友拖下水的故事。聪明的女儿立刻明白了，她坚定地说道："爸，我不会的。"从这里可以看出，在家庭教育中，邓稼先总是用最简单朴素的方式教育他们。

简朴生活

邓稼先为了祖国和人民的利益鞠躬尽瘁，在生活上他却从无特殊要求。他每天骑着自行车上下班，穿着简单朴素的衣服。单位给他分配新房，想改善他的居住环境，他坚持不搬，一直住在老旧的公寓里。他的简朴生活作风，深深地影响了子女和其他人，体现了一位科学家艰苦奋斗的优良作风。

在美国读研究生期间，邓志典从不舍得购买名贵的物品，就连穿的衣服都是从国内带过去的。邓稼先的儿子邓志平在一所高校任职，同样继承了父亲的生活态度和工作作风，为人非常低调。他说，“在我的父亲身上，我看到了老一辈知识分子的坚持与执着”，“我在父亲那里学到了一种平凡而安静的生活态度”。他还说：“做科研，一定要受得了清苦，着实不容易。我的孩子在上学时我就对他说，要真想做科研，得费些力气。”邓稼先留给家人的遗产少之又少，但他留给后人的精神风范却很多很多。

延伸阅读

［1］斯云：《邓稼先：1924—1986》，江苏文艺出版社 1999 年版。

［2］张苇：《邓稼先》，团结出版社 1999 年版。

［3］葛康同：《两弹元勋邓稼先》，新华出版社 1992 年版。

后　　记

家风是一个家庭、族群乃至整个民族的深沉记忆。在悠久的岁月长河中，先代祖辈们凭藉着勤劳、勇毅、和善的优良美德，在社会劳动和日常生活中孕育形成了一系列关于人与自然、人与社会以及人自身的行为规范和道德伦理。经过长时间的洗礼和沉淀，其中一些约定俗成的社会规范被人们拿来警示自身、勉励后世，久而久之就成为人们争相传唱的家风。

时至今日，在中华民族文化自信日益彰显、文化软实力日益成为综合国力的重要内核之时，家风以及家风文化已然成为人们关注的重点。为适应国家加快社会主义精神文明建设，进一步满足人民日益增长的对美好生活的精神文化需要，本书特选十一位科教名家，通过采撷其中有代表性的家风故事向读者展现家风的魅力。

作者在编著本书时查阅了许多文献资料，进行了数十次修改。在此期间，有不少人做了指导、协助工作，在此向他们表示衷心感谢。他们分别是：丁俊萍、吕惠东、孙少华、刘亚倩等。

本书所选人物年代一部分较为久远，历史记录有时难免传讹，加之作者水平有限，因此不免有失误之处。若有疑问，欢迎批评指正。

作　者

2018 年 11 月

主要参考文献

[1] 蔡元培. 中国人的修养 [M]. 北京：作家出版社，2016.

[2] 陈晨. 蔡元培轶事 [M]. 北京：人民日报出版社，2011.

[3] 谢长法，储朝晖. 20 世纪中国教育家画传：蔡元培画传 [M]. 成都：四川教育出版社，2012.

[4] 高平叔. 蔡元培全集：第七卷 [M]. 北京：中华书局，1984.

[5] 黄炎培. 八十年来 [M]. 北京：文史资料出版社，1982.

[6] 尚丁. 黄炎培 [M]. 北京：群言出版社，2012.

[7] 黄方毅. 忆父文集——黄炎培与毛泽东周期律对话 [M]. 北京：人民出版社，2012.

[8] 谢长法. 教育家黄炎培研究 [M]. 济南：山东人民出版社，2016.

[9] 叶俊良. 陶行知的故事 [M]. 北京：人民教育出版社，1991.

[10] 江苏省陶行知教育思想研究会. 纪念陶行知 [M]. 长沙：湖南教育出版社，1984.

[11] 童国富，胡国枢. 陶行知传 [M]. 北京：教育科学出版社，1991.

[12] 胡晓风. 陶行知教育文集 [M]. 成都：四川教育出版社，2007.

[13] 方明. 陶行知教育名篇 [M]. 教育科学出版社，2005.

[14] 陈鹤琴. 家庭教育 [M]. 武汉：长江文艺出版社，2013.

[15] 陈鹤琴. 陈鹤琴教育箴言 [M]. 上海：华东师范大学出版社，2013.

[16] 陈鹤琴. 家庭教育与父母教育 [M]. 上海：上海人民出版社，2016.

[17] 陈鹤琴. 我的半生 [M]. 上海：生活·读书·新知三联书店，2014.

[18] 陈其津. 我的父亲陈序经 [M]. 广州：广东人民出版社，1999.

[19] 夏和顺. 陈序经传 [M]. 广州：广东人民出版社，2010.

[20] 赵立彬. 学识渊博的优秀教育家陈序经 [M]. 广州：广东人民出版社，2009.

[21] 经盛鸿. 詹天佑评传 [M]. 南京：南京大学出版社，2001.

[22] 詹同济. 詹天佑书信选集 [M]. 广州：华南理工大学出版社，2006.

[23] 胡文中. 詹天佑 [M]. 广州：广东人民出版社，2009.

[24] 谢放. 中国铁路之父詹天佑 [M]. 广州：广东人民出版社，2008.

[25] 陈群，等. 李四光传 [M]. 北京：人民出版社，2009.

[26] 马胜云，等. 李四光和他的时代 [M]. 北京：科学出版社，2012.

[27] 才云鹏. 李四光：信仰的力量 [M]. 北京：台海出版社，2016.

[28] 杨达寿. 竺可桢 [M]. 杭州：浙江科学技术出版社，2009.

[29] 张彬. 倡言求是培育英才——浙江大学校长竺可桢 [M]. 济南：山东教育出版社，2004.

[30] 丘成桐，杨乐，季理真. 传奇数学家华罗庚——纪念华罗庚诞辰 100 周年 [M]. 北京：高等教育出版社，2010.

[31] 王元. 华罗庚 [M]. 大连：大连理工大学出版社，2010.

[32] 赵宏量. 大哉，数学之为用——纪念华罗庚教授诞辰 100 周年 [M]. 重庆：西南师范大学出版社，2010.

[33] 顾迈南. 华罗庚传 [M]. 石家庄：河北人民出版社，1985.

[34] 郭梅，张宇. 平凡造就的伟大：钱学森传 [M]. 南京：江苏人民出版社，2009.

[35] 祁淑英. 航天之父——钱学森 [M]. 广州：世界图书出版广东有限公司，2012.

[36] 苏建军. 钱学森人生故事全集 [M]. 北京：石油工业出版社，2010.

[37] 王文华. 钱学森的情感世界 [M]. 成都：四川人民出版社，2002.

[38] 祁淑英. 两弹元勋——邓稼先 [M]. 广州：世界图书出版广东有限公司，2012.

[39] 胡银芳. 英雄大爱：邓稼先与许鹿希的旷世爱情 [M]. 北京：华夏出版社，2009.

[40] 才云鹏. 邓稼先：温文尔雅的坚守 [M]. 北京：台海出版社，2016.